煤炭高等教育“十四五”规划教材

力学综合试验

主　编　董玉芬
副主编　孙维吉

中国矿业大学出版社
·徐州·

内 容 提 要

根据人才培养目标和培养方案的要求，本书汇集了试验教学改革的一系列成果，涵盖了理论力学、材料力学、结构力学、振动力学、流体力学、光测力学等课程中的试验教学内容。本书的试验内容主要是采用不同的测试方法和手段来研究力学测试和应力分析问题。本书主要内容包括：电阻应变测量及试验、机械测量试验、振动力学综合试验、流体力学综合试验、光测力学综合试验、力学结构试验等。

本书可作为力学、土木工程等相关专业的本科生教材，也可供从事相关工作的工程技术人员参考使用。

图书在版编目(CIP)数据

力学综合试验/董玉芬主编. —徐州：中国矿业大学出版社，2022.3

ISBN 978-7-5646-5327-9

Ⅰ. ①力… Ⅱ. ①董… Ⅲ. ①力学—实验 Ⅳ. ①O3—33

中国版本图书馆 CIP 数据核字(2022)第 048318 号

书　　名 力学综合试验
主　　编 董玉芬
责任编辑 杨　洋
出版发行 中国矿业大学出版社有限责任公司
(江苏省徐州市解放南路　邮编 221008)
营销热线 (0516)83884103　83885105
出版服务 (0516)83995789　83884920
网　　址 http://www.cumtp.com　**E-mail**:cumtpvip@cumtp.com
印　　刷 江苏淮阴新华印务有限公司
开　　本 787 mm×1092 mm　1/16　**印张** 9.75　**字数** 180 千字
版次印次 2022 年 3 月第 1 版　2022 年 3 月第 1 次印刷
定　　价 28.00 元

前　言

试验是人类认识世界的重要手段，是理论知识的根源，也是科学发展的基础。力学试验课程在高等院校工科专业人才培养中的重要性已经达成共识。力学试验课程以提高学生动手能力、创新意识等综合素质为目的，是培养应用型、复合型人才的重要教学环节。

根据人才培养目标和培养方案的要求，本书汇集了试验教学改革的一系列成果，涵盖了理论力学、材料力学、结构力学、振动力学、流体力学、光测力学等课程中的试验教学内容，在讲义基础上经过多年的教学实践进一步修改、完善、整理而成。本书的试验内容主要是采用不同的测试方法和手段来研究力学测试和应力分析问题，主要包括电阻应变测量、电阻应变测量试验、机械测量试验、振动力学综合试验、流体力学综合试验、光测力学综合试验、力学结构试验等。

本书由辽宁工程技术大学力学与工程学院董玉芬、隋淑梅、付艳丽、吴迪、代树红、李春林共同编写完成。董玉芬任主编，并编写第一章、第二章、第三章；隋淑梅编写第四章；付艳丽编写第五章；吴迪编写第六章；代树红编写第七章；李春林编写第八章。

在编写本书过程中，得到了辽宁工程技术大学教务处、力学与工程学院、研究生院、力学试验教学中心等部门领导和老师的大力支持和悉心指导，同时还借鉴了其他院校和单位的经验，谨在此一并表示感谢。

限于作者水平，书中的疏漏、不妥之处，敬请广大读者和同行不吝赐教、批评指正。

作　者

2021 年 10 月

目　录

第一章 绪 论

第一节 概 述

力学试验是指采用试验方法研究测定各种构件力学性能，与理论分析一样，是解决工程实际问题的重要手段。

力学试验可解决下列问题：

① 在设计过程中可测定模型的应力或变形，根据测定的结果来确定构件最合理的尺寸和结构形式。

② 采用试验方法测得现有设备中各构件的真实应力状态，找出构件最大应力位置，从而评定设备的安全可靠性，并为提高设备的承载能力提供依据。

③ 对破坏或失效的构件进行分析，提出改进措施，防止再次破坏或失效。

④ 测定构件在工作过程中所受应力大小及方向，或者测定影响构件运行的各种运动参数（如位移、加速度、振幅、频率等）。

⑤ 对理论计算进行校核，并从试验中探索规律，为理论分析提供前提条件。

在解决实际问题时，采用理论解析方法常遇到数学和计算方面的困难，只能针对一些简单问题给出精确解，对几何形状或受载复杂的构件往往需要做一些理想化假设，因此所得结果为近似解，此时必须采用试验方法来验证；一些二维问题还可有效近似解出，而某些三维问题或应力集中问题，仅依靠理论解析方法是很难求解的。而力学试验方法不受结构形状和边界条件等限制。

试验教学不仅能验证理论或者加强对理论的理解，还可以通过试验培养学生的动手能力和创新能力，有效地引导学生用试验方法去分析问题、解决问题，激发学生的好奇心和创新欲望，这对于学生的创新意识和综合素质的培养有着极其重要的作用。

第二节 力学综合试验的内容

试验是力学课程的重要组成部分，是理论知识和工程实践的桥梁。为了培养学生的动手能力和分析问题、解决问题的综合能力，结合学校试验设备资源，以解决工程实际问题，编写了《力学综合试验》教材，主要内容如下：

(1) 电阻应变测量：主要介绍了电测法的基本原理和应用。对于许多几何形状不规则、受力复杂或精确的边界条件难以确定的构件，很难用理论分析或计算确定构件的应力分布状态和变形状态，从而难以检验构件的安全性或者为构件设计提供依据。随着社会的发展和科技的进步，新型材料和新型结构不断被开发出来，其力学性能必须通过试验来测定，电阻应变测量为研究构件强度、刚度等提供了很好的测试方法。

(2) 机械性能测量：利用相关机械试验设备，结合专业及学科特色，针对不同试验条件下的煤岩、金属材料的力学性能开发了一系列综合性、设计性试验，使学生更直观、更深入地理解各种材料变形与破坏过程中的力学相关理论知识，不仅开阔了学生的视野，还为学生的进一步学习奠定了良好的基础。

(3) 振动力学综合试验：用 INV 1601 型振动教学试验仪及相应的 INV 1601 型 DASP 软件对构件的振动参数(振幅、频率、阻尼等)进行测试，采用不同的测试方法(如共振法、自谱分析法、锤击法等)对振动系统固有频率进行比较分析，学会测量计算被动隔振系数和隔振效率，学会模态分析等，从而加强学生对力学知识的进一步理解，提高学生的学习兴趣。

(4) 流体力学综合试验：流体力学是研究流体的平衡和机械运动规律的一门学科。由于流体运动的复杂性，流体力学研究离不开科学试验。因此，流体力学试验是学习流体力学课程必不可少的重要环节。学生通过流体静力学综合试验、沿程水头损失试验、局部水头损失试验等加深对流体力学理论知识的理解。

(5) 光测力学综合试验：主要介绍光弹性力学方法和数字散斑相关测试方法的基本原理和测试技术，并结合编者积累的教学和科研经验及成果，同时结合工程实际，使学生更好地掌握相关知识，以便更好地服务于工程实际。

(6) 力学结构试验：学生采用自主设计制作的桁架(钢架)进行贴片测试，了解静定桁架不同搭接方式对各杆件受力的影响，学会用理论和测试方法分析结构杆件受力的多种影响因素。学生可自主设计桥梁、桁架、钢架等进行力学分析和研究。

第三节　试验课程的基本要求及注意事项

(1) 试验前必须预习试验指导书中的相关内容，了解试验的目的、内容、要求及注意事项，尤其是其中的安全操作注意事项。

(2) 按预约试验时间准时进入实验室,不得无故迟到、早退、缺席。

(3) 进入实验室后,保持室内安静整洁,不得随意动用仪器设备。

(4) 试验时要严格遵守操作规程和注意事项,不做与指定试验无关的事情。

(5) 若试验过程中仪器设备出现故障要立即报告,不得擅自处理,不许隐瞒不报。

(6) 在操作之前应检查仪器设备是否完好,试验过程中严格按照操作规程进行操作,切实注意人身安全和设备安全。

(7) 要认真观察试验现象,包括试验中偶然出现的异常现象,如实记录试验的原始数据,并随时判断试验数据的正确性。

(8) 试验结束前,应请教师审阅试验数据,经教师认可后方可结束试验。

(9) 试验结束后,整理好仪器设备,将其恢复至初始正常状态,清理并打扫实验室卫生,经教师同意后方可离开实验室。

第二章　电阻应变测量

工程中有大量的机械设备和结构装置，这些设备和装置都是由各种构件组成的。构件工作时，将受到一定的荷载作用，若希望机器保持正常的工作状态，则要保证机器上的每个构件在荷载作用下能正常工作。要达到这一目的，构件必须满足下述要求：

(1) 构件在荷载作用下必须不致破坏，或者说构件具有一定的强度。

(2) 构件在荷载作用下的变化必须在许可的范围内，或者说构件必须具有足够的刚度，因为对于某些构件来说，在荷载作用下虽然没有破坏，但是因变形超出了许可范围，往往不能正常工作。

(3) 在荷载作用下构件必须保持原有的平衡状态，或者说构件必须具有足够的稳定性，因为构件失去原有的平衡状态就不能正常工作，甚至会引起构件或整个机器设备的损坏等。

若想解决上述力学问题，通常有理论计算和试验测试两种方法，或将两种方法结合起来。试验测试分析方法采用各种试验方法和测试技术，测定结构的各种力学参数来确定结构在受力情况下的应力、应变状态，如应力、应变、位移、加速度等，用以解决固体力学中的工程结构和机械强度问题，以及其他有关力学问题。其主要方法有应变电测法、光弹法、脆性涂层法、云纹法、激光全息干涉法、激光散斑干涉法、全息光弹性法等。本部分主要介绍应变电测法。

用电学仪器研究和测量应力、应变的试验方法不但可用于验证材料力学理论，测量材料的机械性能，而且作为一种重要的试验手段，可为解决实际工程问题和从事研究工作提供良好的试验基础。适用的结构包括航空器、航天器、原子能反应堆、道路、桥梁、堤坝以及各种机械设备、建筑物等；适用的材料包括钢铁、铝、岩石、煤、塑料、玻璃、土石、复合材料等。它不仅适用于室内试验、模型试验，还可以在现场对实体结构或部件进行测量。例如：要测量在高温下工作的机械零件的应变、旋转轴上的应变、液体容器内壁的应变、飞行器在运行中某些部件的应变、结构物受到机器振动引起的应变，等等。应变电测法是试验测试的重要手段，具有方便、灵活、可遥测、可直接进行计算机处理等优点，在对结构或设备的安全监测方面也有广阔的应用前景。

电阻应变测量的基本原理：将电阻应变片粘贴在被测构件的表面，当构件发生变形时，电阻应变片随着构件一起变形，电阻应变片的电阻值将发生相应的变化；通过电阻应变测量仪器（简称电阻应变仪），可测量电阻应变片电阻值的变化，并换算成应变值，或输出与应变成正比的模拟信号（电压或电流），用记录仪记录下来，也可以用计算机按预定的要求进行数据处理，得到所需要的应变或应力值。

一、电阻应变测量的特点

（1）电阻应变片尺寸小，安装方便，不会改变测试对象原有的应力状态。

（2）灵敏度和精度高，测量范围广，结果准确可靠。

（3）常温箔式电阻应变片最小栅长为 0.2 mm，可测量应力集中处的应变。

（4）能进行静、动态测量，频率范围为 0～±50 kHz。

（5）可在高温、低温、高液压、高速旋转（几万转/分钟）、强磁场或核辐射等特殊环境下进行测量。

（6）便于与微机连接进行数据采集与处理，易实现数字化、自动化及无线电遥测。

（7）可制成各种传感器，以测量力、位移、加速度等物理、力学参数。

二、电测技术能解决的问题

（1）在设计过程中可测得模型的变形，根据测定的结果来选择构件最合理的尺寸和结构形式。

（2）可测定现有设备中各构件的真实应力状态，找出最大应力的位置和数据，从而评定设备的安全可靠性，并为提高设备的承载能力提供依据。

（3）可对破坏或失效的试件进行分析，提出改进意见，防止再次破坏或失效。

（4）测定构件在工作过程中所受荷载大小及方向，或测定影响荷载情况的各种运动参数。

（5）对应力分析理论计算进行校核，并从试验中探索规律，为理论分析提供前提条件等。

三、电测技术的应用

（1）直接应用于工业生产的现场实测与监测。

（2）应用于生产新产品前的模型设计试验。

（3）应用于高技术现代科学领域，如机器人工业、原子能反应堆、航空航天等方面的参数测试。

(4) 应用于运动力学测试，如足底压力分布测试、重心运动轨迹测试等。

(5) 在交通工程领域应用于工程结构测试。

(6) 在机械工程领域应用于结构和机械部件的应力测试。

(7) 在冶金、化工、材料工程领域应用于结构和材料性能测试。

(8) 应用于医学生物力学及康复事业。

(9) 用于制造各种传感器。

第一节　电阻应变片的结构

不同用途的电阻应变片，其结构形式不完全相同，但一般由敏感栅、基底、覆盖层、引线和黏合剂组成，其构造如图 2-1 所示。

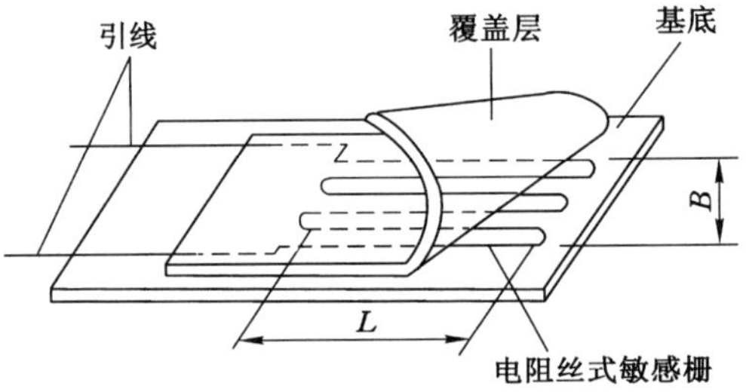

图 2-1　电阻应变片的构造

敏感栅是电阻应变片中将应变量转换成电量的核心部分，是用合金丝或合金箔制成的栅。敏感栅的形状和尺寸直接影响应变片的性能。敏感栅的形状如图 2-1 所示。其纵向中心线称为纵向轴线，即应变片的轴线。敏感栅的尺寸：长度 $L\times$ 宽度 B。栅长指敏感栅在其纵轴方向的长度，对于带有圆弧端的敏感栅，该长度为两段圆弧内侧之间的距离；对于两端为直线的敏感栅，则为两直线内侧的距离。在与轴线垂直的方向上，敏感栅外侧的距离为栅宽。栅长和栅宽代表应变片标称尺寸。

用黏结剂将敏感栅粘在基底材料上，再在上面覆盖一层保护膜，基底除能固定敏感栅、引线的几何形状和相对位置外，还对被测构件起到绝缘作用。敏感栅的两端焊有引线，用以和外接导线相连接。构件受力时，敏感栅电阻值就会发生变化。引线是从敏感栅到测量导线之间的过渡部分，将敏感栅接入测量电路。覆盖层用来保护敏感栅而覆盖在敏感栅上的绝缘层。

常用应变片敏感栅材料的要求主要有：

(1) 灵敏系数大，且能在较大的应变范围内保持为常数。

(2) 电阻率高，分散度小，随时间变化小。

(3) 电阻温度系数小，在较宽的温度范围内保持不变；有足够的稳定性，以减小由温度变化引起的测量误差。

(4) 延伸率高，耐腐蚀性好，疲劳强度高。

(5) 蠕变和机械滞后小，耐湿性能好。

(6) 加工性能好，以便于加工成细丝或箔片。

常用应变片敏感栅金属材料的物理性能见表 2-1。

表 2-1　常温、中温电阻应变片常用敏感栅金属材料的物理性能

合金类型	牌号	成分/%	灵敏系数 K_0	电阻率 ρ /($\Omega\cdot mm^2/m$)	电阻温度系数 /(10^{-6}℃$^{-1}$)	备注
铜镍合金	康铜	Cu 55 Ni 45	1.9～2.1	0.40～0.54	±20	常温用 (约 250 ℃)
镍铬合金	镍铬	Ni 80 Cr 20	2.1～2.3	1.0～1.1	110～130	高温用 (450 ℃)
	6J22 (卡玛)	Ni 74 Cr 20 Al 3 Fe 3	2.1～2.4	1.24～1.42	±20	≤400 ℃
	6J23	Ni 75 Cr 20 Al 3 Fe 2	2.4～2.6	约 1.15	−3～12	约 400 ℃
铁铬铝合金		Fe 67 Cr 25 Al 5.4 V 2.6	2.6～2.8	1.3～1.5	±30～40	550～ 900 ℃
镍钼合金	恒弹性合金	Fe 67 Cr 25 Al 5.4 V 2.6	2.2	约 1.5	7.3	≤450 ℃

表 2-1(续)

合金类型	牌号	成分/%	灵敏系数 K_0	电阻率 ρ /($\Omega \cdot mm^2/m$)	电阻温度系数 /(10^{-6}℃$^{-1}$)	备注
镍铬铁合金	HM-8	Ni 75 Cr 20 Fe 5	3.2	1.0	175	230 ℃ (动态用)
铂合金	铂	Pt 100	4.6	0.1	3900	1 000 ℃
	铂铱合金	Pt 80～90 Ir 10～20	4.0	0.35	590	≤700 ℃
	铂钨合金	Pt 90.5～91.5 W 8.5～9.5	3.0～3.2	0.75	140～190	≤800 ℃

第二节　电阻应变片的分类

一、按敏感栅材料分类

电阻应变片根据应变片敏感栅材料可以分为金属电阻应变片和半导体应变片。金属电阻应变片又可分为金属丝式应变片、金属箔式应变片和金属薄膜应变片。半导体应变片的敏感栅是由锗或硅等半导体材料制成的。

(1) 金属丝式应变片

金属丝式应变片的敏感栅用直径为 0.01～0.05 mm 的铜镍合金或镍铬合金的金属丝制成,有丝绕式和短接式两种,分别如图 2-2 和图 2-3 所示。丝绕式应变片是用一根金属丝绕制而成的,敏感栅的端部呈圆弧形;短接式应变片是用数根金属丝按一定间距平行拉紧,然后用较粗的金属丝与纵栅两端交错焊接而成的,敏感栅端部是平直的。

丝绕式应变片的横向效应较大,测量精度较低,且端部圆弧部分形状不易保证,因此丝绕式应变片逐渐被其他种类应变片所替代;短接式应变片敏感栅的端部较平直且较粗,其横向效应较小,制造时敏感栅形状较易保证,故测量精度高,但是由于敏感栅中焊接点较多,容易损坏,疲劳寿命较短。金属丝式应变片现已极少使用。

(2) 金属箔式应变片

金属箔式应变片(简称箔式应变片)如图 2-4 所示,是用厚度为 0.002～0.005 mm 铜镍合金或镍铬合金的金属箔作为敏感栅材料,采用刻图、制版、光

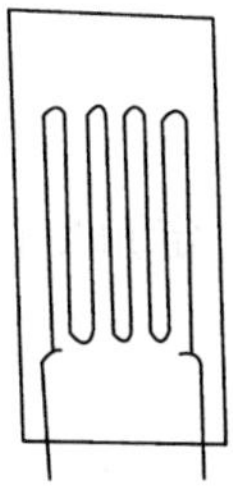

图 2-2　丝绕式应变片

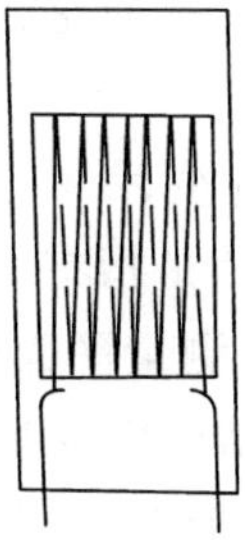

图 2-3　短接式应变片

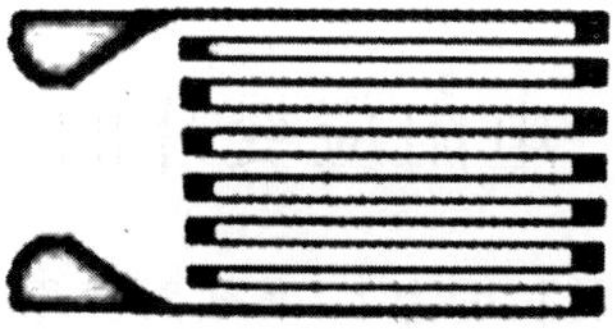

图 2-4　金属箔式应变片

刻、腐蚀等工艺制作而成的。箔式应变片制作工艺易实现自动化大量生产，易根据测量要求制成任意形状的敏感栅。

箔式应变片敏感栅端部的横向部分可以做成比较宽的栅条，其横向效应小；栅箔的厚度很薄，能较好地反映构件表面的应变，也易粘贴在弯曲的表面；箔式应变片蠕变小、散热性能好、疲劳寿命长、测量精度高。由于箔式应变片具有以上优点，故在测量领域中得到广泛的应用。

(3) 金属薄膜应变片

为了克服箔式应变片灵敏系数低及机械滞后的缺点，近年来新研制出一种价格低且能够替代箔式应变片的新型传感元件。金属薄膜应变片就属于典型的一类，此外，半导体应变片、氧化物应变片也比较适合制成薄膜应变片。

金属薄膜应变片的敏感栅是采用真空蒸镀、沉积或溅射的方法将金属材料在绝缘基底上制成一定形状的薄膜而形成的，膜的厚度从几埃到几千埃不等，有连续膜和不连续膜之分，其性能有所差异。金属薄膜应变片蠕变小、机械滞后小、电阻温度系数小、易制成高温应变片，便于大批量生产，成品率高，因而获得广泛应用。

二、按应变片敏感栅结构形状分类

金属电阻应变片按敏感栅结构形状可分为以下几种：

(1) 单轴应变片

单轴应变片一般是指只有一个敏感栅的应变片，这种应变片可用来测量单向应变。

(2) 多轴应变片

多轴应变片是指有 2 个或 2 个以上的轴线相交成一定角度的应变片，也称为应变花，用于测量平面应变。

(3) 特殊结构应变片

使用特殊结构的弹性体制作的传感器，往往需要特殊的应变片结构，以实现其特殊的物理量测试或提高传感器的测试性能。它们通常用于制作传感器，如压力传感器、荷载传感器等。

第三节　电阻应变片的工作原理

设有一根金属电阻丝，其长度为 L，横截面面积为 A，电阻率为 ρ，根据欧姆定律可知这一段金属丝的电阻值为：

$$R = \rho \frac{L}{A} \tag{2-1}$$

当金属导线沿其轴线方向受力而产生变形时，其电阻也随之变化，这一现象称为应变-电阻变化。为了说明产生这一变化的原因，可将式(2-1)两边取对数并微分：

$$\frac{\mathrm{d}R}{R} = \frac{\mathrm{d}\rho}{\rho} - \frac{\mathrm{d}A}{A} + \frac{\mathrm{d}L}{L} \tag{2-2}$$

在单向应力状态下，横截面面积 A 的变化率 $\mathrm{d}A/A$ 可用泊松效应表示，即

$$\frac{\mathrm{d}A}{A} = -2\mu \frac{\mathrm{d}L}{L} \tag{2-3}$$

布里奇曼(Bridgman)定理表明：金属电阻率的变化率 $\mathrm{d}\rho/\rho$ 与体积变化率成正比，即

$$\frac{\mathrm{d}\rho}{\rho} = m \frac{\mathrm{d}V}{V} \tag{2-4}$$

同样，应用泊松效应可得：

$$\frac{\mathrm{d}V}{V} = (1 - 2\mu)\frac{\mathrm{d}L}{L} \tag{2-5}$$

将式(2-3)、式(2-4)、式(2-5)代入式(2-2)得：

$$\frac{\mathrm{d}R}{R} = [(1 + 2\mu) + m(1 - 2\mu)]\frac{\mathrm{d}L}{L} \tag{2-6}$$

式中　μ——金属丝材料的泊松比；

m——常数，与材料的种类有关。

式(2-6)中$[(1+2\mu)+m(1-2\mu)]$为常数，令其等于K_0，则式(2-6)可写成：

$$\frac{dR}{R}=K_0\frac{dL}{L} \tag{2-7}$$

而dL/L是电阻丝的长度变化率，即应变ε，则有：

$$\frac{dR}{R}=K_0\varepsilon \tag{2-8}$$

式(2-8)说明：电阻丝的电阻变化率dR/R与其应变ε成正比，比例系数K_0称为电阻丝的灵敏系数。电阻应变片的栅状电阻丝同样有这样的关系式：

$$\frac{dR}{R}=K\varepsilon \tag{2-9}$$

用增量形式表示，则有：

$$\frac{\Delta R}{R}=K\varepsilon \tag{2-10}$$

式中　K——电阻应变片的灵敏系数。

K值与敏感栅的材料和几何形状等有关，是由制造厂家用标准应变设备抽样标定后提供给使用者的。

试验表明：大多数金属导线在弹性范围内，电阻的相对变化量与应变之间呈线性关系。

第四节　电阻应变片的工作特性

表达电阻应变片的性能及特点的数据或曲线称为应变片的工作特性。常温应变片的主要工作特性包括：应变片的电阻值、灵敏系数、横向效应系数、机械滞后、零点漂移、蠕变、应变极限、绝缘电阻、疲劳寿命和热输出等。

1. 电阻值

应变片的电阻值是指应变片在室温环境、未经安装且不受力的情况下测定的电阻值。选择应变片的电阻值主要根据测量对象和测量仪器的要求而定，在允许通过同样工作电流的情况下，选用较大电阻值的应变片，可提高应变片的工作电压，使输出信号加强，提高测量灵敏度。由于电阻应变仪和其他常用应变测量仪器测量电桥的桥臂电阻习惯上按120 Ω设计，故常用于测量构件应变的应变片电阻值一般为120 Ω。对于生产出来的每一批应变片，都需要逐个测量其电阻值，然后按电阻值的大小分类包装，每包的包装单上标明该包应变片的平均名义电阻值(即各片电阻值的平均值)，以及各片电阻值与平均值的最大偏差值。

2. 灵敏系数

应变片的灵敏系数是指当应变片粘贴在处于单向应力状态的试件表面上，且其纵向(敏感栅纵向方向)与应力方向平行时，应变片的电阻变化率与试件表面贴片处沿应力方向的应变(即沿应变片纵向的应变)的比值，即

$$K=\frac{\Delta R/R}{\varepsilon} \tag{2-11}$$

式中 K——应变片的灵敏系数；

ε——试件表面测点处与应变片敏感栅纵向平行的应变；

$\Delta R/R$——由 ε 所引起的应变片电阻的相对变化量。

应变片的灵敏系数主要取决于敏感栅材料的灵敏系数，与敏感栅所用材料、结构形式以及尺寸有关。此外，试件表面的变形是通过基底和胶结剂传递给敏感栅的，所以应变片的灵敏系数还与基底和胶结剂的特性和厚度有关。因此应变片的灵敏系数是受多种因素影响的综合性指标，不能通过理论计算得到，而是由生产厂家经抽样在专门的设备上进行标定试验确定的，并在包装上注明其平均名义值和标准误差。

3. 横向效应系数

应变片的敏感栅除有纵栅外，还有圆弧形或直线形的横栅。横栅既对应变片轴线方向的应变敏感，又对垂直于轴线方向的横向应变敏感。对于沿试件轴向粘贴的应变片，其敏感栅的纵向部分由于试件轴向伸长而引起电阻值增大，横向部分由于试件横向缩短而引起电阻值减小。从而，将一根直的金属丝绕成敏感栅后，虽然长度不变，粘贴处的应变状态也相同，但是应变片敏感栅的电阻值变化比单根金属丝的电阻值变化要小。因此，应变片的灵敏系数比单根金属丝的灵敏系数要小。这种由于敏感栅承受横向应变而使应变片灵敏系数减小的现象，称为应变片的横向效应。

应变片处于平面应变状态下，沿应变片轴线方向的应变为 ε_x，垂直于轴线方向的横向应变为 ε_y，此时应变片敏感栅电阻的相对变化量可表示为：

$$\frac{\Delta R}{R}=\left(\frac{\Delta R}{R}\right)_x+\left(\frac{\Delta R}{R}\right)_y=K_x\varepsilon_x+K_y\varepsilon_y \tag{2-12}$$

式中 $(\Delta R/R)_x$，$(\Delta R/R)_y$——由 ε_x 和 ε_y 引起的敏感栅电阻的相对变化量；

K_x，K_y——应变片轴向和横向的灵敏系数，可表示为：

$$K_x=\frac{(\Delta R/R)_x}{\varepsilon_x} \tag{2-13}$$

$$K_y=\frac{(\Delta R/R)_y}{\varepsilon_y} \tag{2-14}$$

横向灵敏系数和轴向灵敏系数的比值取百分数，定义为横向效应系数 H，即

$$H=\frac{K_y}{K_x}\times 100\% \tag{2-15}$$

应变片的横向效应系数主要与敏感栅的形式和几何尺寸有关，还与应变片的基底黏结剂以及制片时的工艺质量有关。应变片的横向效应系数应在专门的装置上标定。不同种类的应变片，其横向效应的影响也不同，丝绕式应变片的横向效应系数最大，箔式应变片次之，短接式应变片最小。

4. 机械滞后

在恒定温度下，对安装应变片的试件加载和卸载，其加载曲线和卸载曲线不重合，这种现象称为应变片的机械滞后。机械应变是指在机械荷载作用下试件产生的应变，指示应变是指从电阻应变仪读取的应变片的应变。应变片的机械滞后量，用加载和卸载过程中指示应变值之差的最大值 Z_j 来表示。即 $Z_j=\Delta\varepsilon_j$。

机械滞后的产生主要是敏感栅、基底、黏结剂在承受机械应变之后留下的残余变形所导致的。制造和安装应变片时，如果敏感栅受到不适当的变形，或黏结剂固化不充分，都会使机械滞后增加。应变片在较高的温度下工作时，机械滞后也会显著增大。为了减小机械滞后对测量数据的影响，可在正式测量前预先加载和卸载若干次。应变片的机械滞后如图 2-5 所示。

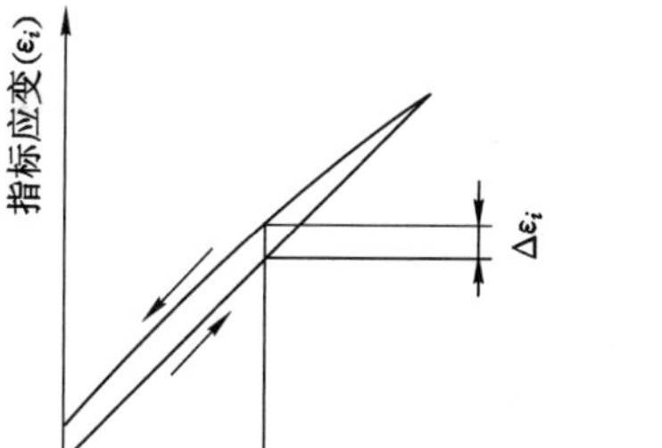

图 2-5　应变片的机械滞后

5. 零点漂移和蠕变

对于已安装在试件上的应变片，当温度恒定时，即使被测构件未承受应力，应变片的指示应变仍会随时间的增加而逐渐变化，这一变化称为零点漂移，或简称零漂。如果温度恒定，且应变片承受恒定的机械应变，这时指示应变随时间的变化称为蠕变。零漂和蠕变反映了应变片的性能随时间的变化规律，只有当应变片用于较长时间测量时才起作用。实际上，零漂和蠕变是同时存在的，蠕变值

中包含同一时间内的零漂值。

应变片产生零漂的主要原因是敏感栅通以工作电流之后产生的温度效应、在制造和安装应变片过程中所造成的内应力以及黏结剂固化不充分等。蠕变则主要由黏结剂和基底在传递应变时出现滑移所致。

6. 应变极限

温度恒定时，对安装有应变片的试件逐级加载，直至应变片的指示应变与试件产生的真实应变(机械应变)的相对误差达到10%时，该机械应变即应变片的应变极限。实际上，应变极限是指应变片在不超过规定的非线性误差条件下工作时的最大真实应变值。

生产厂家按应变片检定标准，在一批应变片中按一定比例抽样测定应变片的应变极限，取其中最小的应变极限作为该批应变片的应变极限。

7. 绝缘电阻

应变片的绝缘电阻是指敏感栅及引线与被测试件之间的电阻值。绝缘电阻过低，会造成应变片与试件之间漏电，引起应变片的零点漂移，影响测得应变读数的稳定性。提高绝缘电阻的方法主要是选用绝缘性能好的黏结剂和基底材料。

8. 疲劳寿命

在恒定幅值的交变应力作用下，应变片连续工作，直至产生疲劳损坏时的循环次数，称为应变片的疲劳寿命。当应变片出现以下任何一种情况时，即认为达到疲劳寿命：

(1) 敏感栅或引线发生短路。

(2) 应变片输出幅值变化10%。

(3) 应变片输出波形上出现尖峰。

疲劳寿命是反映应变片对动态应变适应能力的参数。要提高应变片的疲劳寿命，需特别注意引线与敏感栅之间的连接方式和焊点质量。

9. 热输出

应变片安装在可以自由膨胀的试件上，试件不受外力作用，若环境温度不变，则应变片的应变为0；若环境温度变化，则应变片产生应变输出。这种由温度变化引起的应变输出，称为应变片的热输出。

敏感栅材料的电阻温度系数、敏感栅材料与试件之间线膨胀系数的差异，是应变片产生热输出的主要原因。

第五节　电阻应变片的选择、安装和防护

在测量应变时，只有正确地选择和安装使用应变片，才能保证测量精度和可靠性，达到预期的测试目的。

一、电阻应变片的选择

应变片的种类有很多，选用时应根据测试环境、应变性质、应变梯度及测量精度来选择。

（1）测试环境

环境温度：测量时应根据试件的工作环境温度选择合适的应变片，使其在给定的温度范围内能正常工作。

环境湿度：潮湿对应变片性能的影响极大，会出现绝缘电阻降低、黏结强度下降等现象，严重时无法测量。为此，在潮湿环境中应选择防潮性能好的胶膜应变片，如酚醛-缩醛胶膜应变片、聚酯胶膜应变片等，并采取有效的防潮措施。

磁场环境：应变片在强磁场作用下敏感栅会伸长或缩短，从而产生输出，因此敏感栅材料应选用磁致伸缩效应小的镍铬合金或铂钨合金等。

（2）应变性质

对于静态应变测量，温度变化是产生误差的主要原因，如有条件，可针对具体试件材料选用温度自补偿应变片。对于动态应变测量，应选用频率响应高、疲劳寿命长的应变片，如箔式应变片。

（3）应变梯度

应变片测出的应变值是应变片栅长范围内的平均应变值，因此当应变沿试件轴线均匀分布时，可以选用任意栅长的应变片，这对测试精度无直接影响。栅长大的应变片，其横向效应系数小，且粘贴也比较容易。如果对应变梯度大的试件进行测试，应尽量选用栅长比较短的应变片，当大应变梯度垂直于所贴应变片的轴线时应选用栅宽窄的应变片。

（4）测量精度

一般认为以胶膜为基底，以铜镍合金和镍铬合金材料为敏感栅的应变片性能较好，具有精度高、长时间稳定性好及防潮性能好等优点。

二、电阻应变片的粘贴

常温应变片的安装通常采用粘贴法，因此，粘贴是应变测试过程中非常重要的环节，应变片粘贴操作过程如下：

(1) 检查和分选应变片

应变片粘贴前应进行外观检查和阻值测量,检查应变片敏感栅有无锈斑、基底和覆盖层有无破损、引线是否牢固等,阻值测量的目的是检查应变片是否有短路、断路情况,并按阻值进行分选,以保证使用同一温度补偿片的一组应变片的阻值相差不超过 0.1 Ω。

(2) 粘贴表面的准备

首先除去试件粘贴表面的油污、漆、锈斑、电镀层等,用纱布交叉打磨出细纹以增大黏结力,接着用浸有酒精或丙酮的脱脂棉球擦洗,并用钢划针划出定位线,再用细砂布轻轻磨去划线毛刺,然后进行擦洗,直至棉球上不见污迹为止。

(3) 贴片

在应变片的基底底面和处理过的粘贴表面上,各涂一层薄且均匀的胶,用镊子将应变片放上并调好位置;然后盖上氟塑料薄膜,用手指柔和滚压,挤出多余的胶,并排出应变片下面的气泡,使应变片与试件完全贴合;适当时间后,由应变片无引线一端开始向有引线一端揭掉氟塑料薄膜,用力方向尽量与粘贴表面平行。

(4) 固化

贴片时最常用的是氰基丙烯酸酯黏结剂(如 502 胶水、501 胶水),用其贴片后,只要在室温下放置数小时即可充分固化,并具有较强的黏结能力。对于需要加温固化的黏结剂,应严格按照规范进行,一般用红外线灯烘烤,但加温速度不能太快,以免产生气泡。

(5) 测量导线的焊接与固化

黏结剂初步固化后即可焊接导线,常温静态应变测量时,导线可采用直径为 0.1~0.3 mm 的单丝包铜线或多股铜芯塑料软线。导线与应变片引线之间最好使用接线端子(由敷铜板腐蚀而成)。接线端子应粘贴在应变片附近,使导线与应变片引线都焊在端子上,常温应变片均用锡焊,为了防止虚焊,必须除尽焊接端的氧化皮、绝缘物,再用酒精或丙酮清洗,焊接要准确迅速。已焊好的导线应在试件上沿途固定,固定的方法有胶布贴、黏结剂固定等。

(6) 检查

对充分固化并已接好导线的应变片,在正式使用前必须进行质量检查,除对应变片做外观检查外,还应检查应变片是否粘贴良好、贴片方位是否正确、有无短路和断路、绝缘电阻是否符合要求(一般不低于 100 MΩ)等。

三、电阻应变片的防护

对安装后的应变片,应采取有效的防潮措施。防护方法的选择取决于应变片的工作条件、工作期限及所要求的测量精度。对于常温应变片，常采用硅橡胶密封剂防护方法，这种方法将硅橡胶直接涂在经一般清洁处理的应变片周围，在室温下，经 12～24 h 即可黏合固化，放置时间越长，黏合效果越好。硅橡胶使用方便、防潮性能好、附着力强、储存期长、耐高低温、对应变片无腐蚀作用，但是强度较低。另外，环氧树脂、凡士林或石蜡等也可以作为防潮防腐材料。

第六节　测量电路——电桥的工作原理

为了测得 ε，就要测得 $\Delta R/R$，采用惠斯顿电桥测得，电桥如图 2-6 所示。测量电路的作用是将电阻应变片感受的电阻变化率 $\Delta R/R$ 换成电压变化输出，再经放大电路放大。

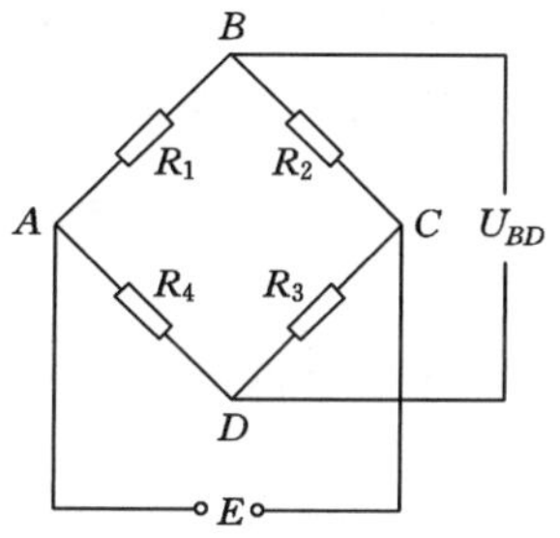

图 2-6　桥式测量电路

电阻 R_1，R_2，R_3，R_4 构成电桥的 4 个桥臂，可用应变片代替。在 AC 端输入稳定的供桥电压 U_0，BD 端则为输出电压 U_{BD}。当 4 个桥臂电阻满足一定关系时，输出电压U_{BD} 为 0，此时称电桥平衡。根据电工原理有：

$$\begin{cases} I_1 = \dfrac{U_0}{R_1 + R_2} \\ I_2 = \dfrac{U_0}{R_3 + R_4} \end{cases} \tag{2-16}$$

输出电压：

$$U_{BD} = U_{BA} - U_{DA} = \left(\frac{R_1}{R_1 + R_2} - \frac{R_4}{R_3 + R_4}\right)U_0 = \frac{R_1 R_3 - R_2 R_4}{(R_1 + R_2)(R_3 + R_4)}U_0 \tag{2-17}$$

若$R_1R_3 = R_2R_4$，则输出电压$U_{BD} = 0$，此时电桥为平衡状态。当桥臂电阻值有微量改变时，电桥平衡被破坏，则输出电压$U_{BD} \neq 0$。若各桥臂电阻值变为$R_1 + \Delta R_1$，$R_2 + \Delta R_2$，$R_3 + \Delta R_3$，$R_4 + \Delta R_4$，此时输出电压增量为：

$$\Delta U_{BD}=\left[\frac{R_1R_2}{(R_1+R_2)^2}\left(\frac{\Delta R_1}{R_1}-\frac{\Delta R_2}{R_2}\right)+\frac{R_3R_4}{(R_3+R_4)^2}\left(\frac{\Delta R_3}{R_3}-\frac{\Delta R_4}{R_4}\right)\right]U_0 \tag{2-18}$$

当桥臂电阻值全等或对称，即$R_1=R_2=R_3=R_4$或$R_1=R_2$，$R_3=R_4$时，则有：

$$\frac{R_1R_2}{(R_1+R_2)^2}=\frac{R_3R_4}{(R_3+R_4)^2}=\frac{1}{4} \tag{2-19}$$

将式(2-19)代入式(2-18)，则有：

$$\Delta U_{BD}=\frac{U_0}{4}\left(\frac{\Delta R_1}{R_1}+\frac{\Delta R_3}{R_3}-\frac{\Delta R_4}{R_4}-\frac{\Delta R_2}{R_2}\right) \tag{2-20}$$

将式(2-10)代入式(2-20)，则有：

$$\Delta U_{BD}=\frac{U_0K}{4}(\varepsilon_1-\varepsilon_2+\varepsilon_3-\varepsilon_4) \tag{2-21}$$

式(2-21)表明：电桥输出电压的增量ΔU_{BD}与桥臂的应变组合呈线性关系。如果将ΔU_{BD}按单位读数$U_0K/4$表示，则直接输出读数：

$$\varepsilon_{ds}=\varepsilon_1-\varepsilon_2+\varepsilon_3-\varepsilon_4 \tag{2-22}$$

第七节　温度补偿

温度效应是指因温度变化而引起的应变片的电阻改变的现象。测试过程中，试件工作温度、气温的变化，以及应变片敏感栅通电发热等因素的影响，都能使应变片温度发生变化。温度变化使应变片敏感栅材料的电阻温度系数发生变化，从而导致其电阻发生改变。

温度发生变化时，金属丝的电阻值也随之发生变化，称为$(\Delta R/R)_T$。该电阻变化是由两部分引起的，一部分是电阻丝的电阻温度系数引起的：

$$\left(\frac{\Delta R}{R}\right)_T=\alpha_T\Delta T \tag{2-23}$$

另一部分是金属丝与构件的材料膨胀系数不同引起的：

$$\left(\frac{\Delta R}{R}\right)_T=K_s(\beta_2-\beta_1)\Delta T \tag{2-24}$$

因而温度引起的电阻变化为：

$$\left(\frac{\Delta R}{R}\right)_T=[\alpha_T+K_s(\beta_2-\beta_1)]\Delta T \tag{2-25}$$

式中　α_T——金属丝(箔)材料的电阻温度系数；

β_1——金属丝(箔)材料的热膨胀系数；

β_2——构件材料的膨胀系数。

粘贴在构件上的电阻应变片除了承受机械变形外，当周围环境温度变化时，电阻值也将随之改变。而由温度引起的电阻变化与机械变形引起的电阻变化的数量级相当，对测量结果会产生干扰和影响，因此要想准确测量构件的应变，必须采取措施予以消除温度对电阻变化的影响。一种方法是使电阻应变片的系数$[\alpha_T + K_s(\beta_2 - \beta_1)]$等于0，这种方法称为温度补偿法；另一种方法是利用电桥加减特性来实现，这种方法称为工作片补偿法。

1. 温度补偿法

在一块与测试材料相同、环境温度相同但不受荷载作用的补偿块上粘贴温度补偿片，其输出的应变只有温度影响ε_t，且与测量工作片的ε_t相同。采用全桥接法时温度补偿片接入R_2、R_4桥臂，采用半桥接法时温度补偿片接入R_2桥臂，根据式(2-22)，抵消了测量工作片的ε_t。

2. 工作片补偿法

这种方法不需要另贴温度补偿片，而是将几个参数相同的工作片粘贴在同一构件的适当位置，其受温度影响引起的应变相同；利用电桥的加减特性，通过合理组桥方式，可自行消除温度影响。

第八节　组 桥 方 式

在桥路中接入电阻应变片可以有多种组桥方式，下面介绍最基本的3种组桥方式。

1. 单臂半桥

如图2-7(a)所示，在电桥中AB桥臂接工作片，BC桥臂接温度补偿片，CD、DA桥臂接仪器内的标准电阻，考虑温度引起的电阻变化：

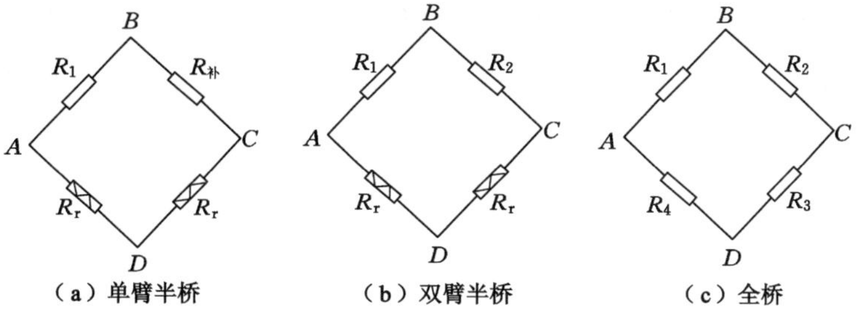

图2-7　组桥方式

$$\Delta U_{BD}=\frac{U_0}{4}\left[\left(\frac{\Delta R_1}{R_1}\right)+\left(\frac{\Delta R_1}{R_1}\right)_T-\left(\frac{\Delta R_2}{R_2}\right)_T\right] \tag{2-26}$$

由于R_1和 R_2温度条件完全相同，即$\left(\frac{\Delta R_1}{R_1}\right)_T=\left(\frac{\Delta R_2}{R_2}\right)_T$，所以电桥的输出电压只与工作片引起的电阻变化有关，与温度变化无关，即

$$\Delta U_{BD}=\frac{U_0\Delta R_1}{4R_1}=\frac{U_0}{4}K\varepsilon_1 \tag{2-27}$$

2. 双臂半桥

如图 2-7(b)所示，其中 AB、BC 桥臂接工作片，CD、DA 桥臂仍接仪器内的标准电阻，两枚工作片处于相同的温度条件下，$\left(\frac{\Delta R_1}{R_1}\right)_T=\left(\frac{\Delta R_2}{R_2}\right)_T$，桥路的加减特性自动消除了温度的影响，无须另接温度补偿片，即

$$\begin{aligned}\Delta U_{DB}&=\frac{U_0}{4}\left\{\left[\left(\frac{\Delta R_1}{R_1}\right)+\left(\frac{\Delta R_1}{R_1}\right)_T\right]-\left[\left(\frac{\Delta R_2}{R_2}\right)+\left(\frac{\Delta R_2}{R_2}\right)_T\right]\right\}\\&=\frac{U_0}{4}\left[\left(\frac{\Delta R_1}{R}\right)-\left(\frac{\Delta R_1}{R_2}\right)\right]\\&=\frac{U_0}{4}K(\varepsilon_1-\varepsilon_2)\end{aligned} \tag{2-28}$$

3. 全桥测量

如图 2-7(c)所示，4 个桥臂都接工作片，由于它们处于相同的温度条件下，即$\left(\frac{\Delta R_1}{R_1}\right)_T=\left(\frac{\Delta R_2}{R_2}\right)_T=\left(\frac{\Delta R_3}{R_3}\right)_T=\left(\frac{\Delta R_4}{R_4}\right)_T$，相互抵消了温度影响。其计算结果如下：

$$\begin{aligned}\Delta U_{DE}&=\frac{U_0}{4}\left\{\left[\left(\frac{\Delta R_1}{R_1}\right)+\left(\frac{\Delta R_1}{R_1}\right)_T\right]-\left[\left(\frac{\Delta R_2}{R_2}\right)+\left(\frac{\Delta R_2}{R_2}\right)_T\right]+\left[\left(\frac{\Delta R_3}{R_3}\right)+\left(\frac{\Delta R_3}{R_3}\right)_T-\left[\left(\frac{\Delta R_4}{R_4}\right)+\left(\frac{\Delta R_4}{R_4}\right)_T\right]\right]\right\}\\&=\frac{U_0}{4}\left[\left(\frac{\Delta R_1}{R_1}\right)-\left(\frac{\Delta R_2}{R_2}\right)+\left(\frac{\Delta R_3}{R_3}\right)-\left(\frac{\Delta R_4}{R_4}\right)\right]\\&=\frac{U_0}{4}K(\varepsilon_1-\varepsilon_2+\varepsilon_3-\varepsilon_4)\end{aligned} \tag{2-29}$$

第三章　电阻应变测量试验

第一节　悬臂梁结构测定

一、试验目的

(1) 了解电测法的基本原理,学会应力测试方法。

(2) 学会在三角架综合试验装置中安装悬臂梁结构。

(3) 熟悉应变仪的操作规程,熟练使用应变仪。

二、试验设备及装置

(1) YJ-4501A 静态数字电阻应变仪。

(2) 三角架综合试验装置,如图 3-1 所示。

1—横梁(横梁有两种截面:矩形截面为铝材,工字形截面为钢材);2—立杆;3—加载手轮;4—测力传感器;5—底座;6—固定盖板;7—固定支座;8—支架;9—斜支撑杆调整套;10—斜支撑杆(钢材);11—斜支撑杆约束支座。

图 3-1　三角架综合试验装置

(3) 悬臂梁结构试验装置,如图 3-2 所示。

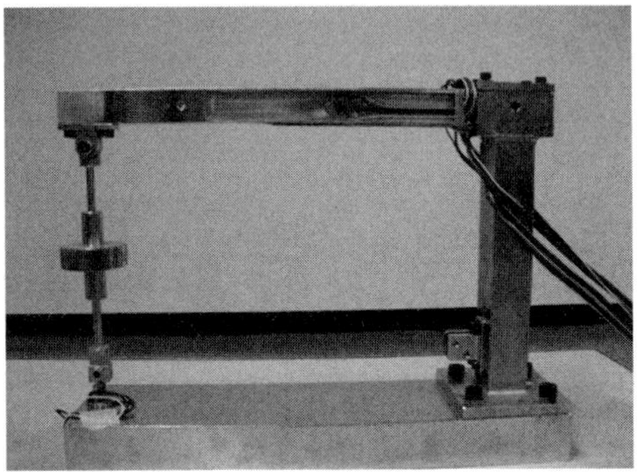

图 3-2　悬臂梁结构试验装置

三、布片方案

三角架综合试验装置中选择横梁为测试对象，横梁测试截面为 5 个等间距截面，每个截面在梁的上、下表面对称位置各布置一枚电阻应变片，如图 3-3 所示。

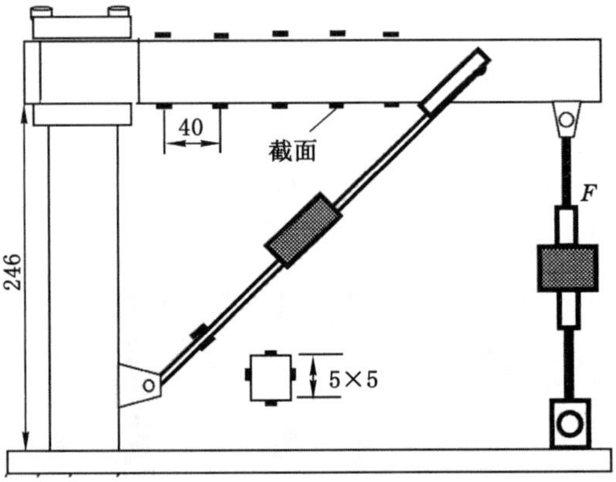

图 3-3　横梁布片图(单位:mm)

四、试验原理

三角架综合试验装置中被测构件只保留横梁，横梁由压板紧固在立柱的固定支座内，约束条件为固支。测量对象为矩形梁(或工字形梁)，如图 3-3 所示，在梁的各截面处的上下表面分别贴电阻应变片 R_1、R_2、R_3、R_4、R_5，在试验装置附近有一个温度补偿块，作为单臂半桥测量时的温度补偿片，本试验的组桥方式为双臂半桥。由加载机构对横梁实施加载，梁发生变形，其上、下表面所贴的电阻应变片随试件产生拉伸或压缩变形，各截面的实测应力值$\sigma_{si} = E\varepsilon_i$。根据理论分析，悬臂梁各截面在弯矩作用下产生的应力值$\sigma_{l_i} = \frac{Pl_i}{W}$，$W$ 为悬臂梁的抗弯模量。将理论计算与实测计算结果进行比较分析，看试验测试是否符合理论分析。

五、试验步骤

（1）熟悉应变仪面板，将电源线接到仪器电源插孔，打开应变仪背面的电源开关。

（2）灵敏系数设定：已知电阻应变片的灵敏系数 $K=2.08$，按 K 键，K 键指示灯亮，灵敏系数显示窗（右下显示窗）无显示，应变仪进入灵敏系数设定状态，通过数字键键入 2.08，K 键指示灯自动熄灭，灵敏系数设定完毕。

（3）半桥、全桥选择：根据测量要求，若需要半桥测量，按半桥键，半桥指示灯亮，此时应变仪处于半桥工作状态；若需要全桥测量，按全桥键，全桥指示灯亮，此时应变仪处于全桥工作状态。

（4）电桥接法：本试验采用双臂半桥，将悬臂梁上面工作片按顺序接入 AB 接线柱上，下面工作片按顺序接到 BC 接线柱上，卸掉短路片，按下半桥键，用置零键对通道置零，并将螺丝拧紧。

（5）将加载传感器显示仪表接通电源，清零。

（6）逆时针转动加载手柄，对试件施加荷载 20 N、40 N、60 N、80 N、100 N，依次记录应变仪的读数值，直到预定荷载为止（重复测量 3 次）。将每组的测量应变读数填入表中。

（7）测试完毕关掉电源，拆下接线，使仪器和试验装置恢复初始状态。

六、试验数据处理

（1）构件的名义尺寸见表 3-1。

表 3-1　构件的名义尺寸

截面形状		材料	尺寸	备注
横梁	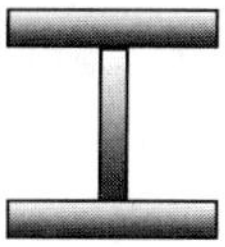	钢材 40Cr	腹板： 30 mm(宽)×2 mm(高) 翼缘： 2 mm(宽)×25 mm(高)	
		铝材 LY12CZ	15 mm(宽)×20 mm(高)	

(2) 根据试验记录,将荷载、各测点相应的应变读数及读数增量填写在报告记录表中。

(3) 计算各测点的应变增量平均值 $\Delta\varepsilon$ 和应力增量平均值 $\Delta\sigma_s$。

(4) 根据理论公式求出弯矩作用下的应力增量 $\Delta\sigma_1$。

(5) 将各测点的 $\Delta\sigma_s$ 与理论公式求出的 $\Delta\sigma_1$ 进行比较。

七、注意事项

(1) 必须严格遵守仪器操作规程。

(2) 应变仪调好后,不要移动和碰触应变片的连线,以免造成测量误差。

(3) 测试过程中加荷载时不要过快、过大。

八、讨论题

(1) 你认为试验值与理论值之间的误差的产生原因有哪些?

(2) 采用等量加载的目的是什么?

第二节　静定结构测定

一、试验目的

(1) 了解静定结构原理。

(2) 掌握静定结构安装过程和测试方法。

(3) 熟悉应变仪的操作规程,熟练使用应变仪。

二、试验设备及装置

(1) YJ-4501A 静态数字电阻应变仪。

(2) 静定结构试验装置,如图 3-4 所示。

三、布片方案

三角架综合试验装置中选择横梁为测试对象,横梁测试截面为 5 个等间距截面,每个截面在梁的上、下表面对称位置各布置一枚电阻应变片。斜杆选择一个截面为测量截面,测量截面处加工成正方形截面,每个截面各布置一枚电阻应变片,如图 3-3 所示。

四、试验原理

静定结构组成形式为:横梁、斜杆与立柱固定支座间 3 个节点处均为销钉连

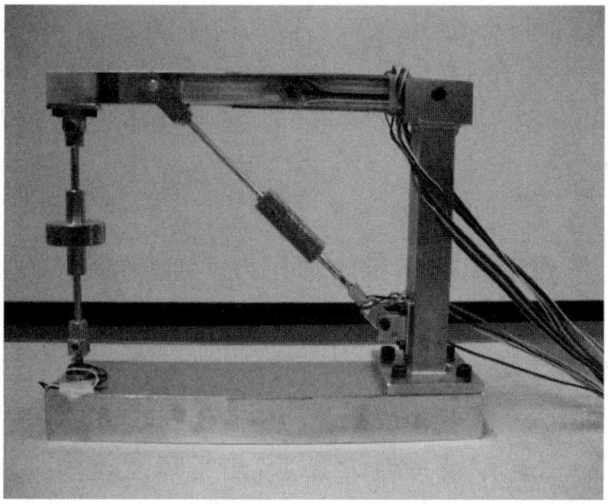

图 3-4　静定结构试验装置

接，约束条件为铰支，此时结构为静定结构。通过加载机构加载，横梁为拉（压）-弯复合受力，斜杆可视为二力杆。测量对象为矩形梁（或工字形梁），在梁的各截面处的上下表面分别贴电阻应变片 R_1、R_2、R_3、R_4、R_5。本试验的组桥方式为双臂半桥。由加载机构对横梁实施加载，梁发生变形，其上、下表面所贴的电阻应变片随试件产生拉伸或压缩变形，各截面的实测应力值$\sigma_{si}=E\varepsilon_i$。根据理论分析，对试件施加荷载后，由斜杆支撑的横梁向上的力 $F=\dfrac{L+a}{l+a}P$，横梁各截面在荷载作用下产生的弯曲应力值$\sigma_i=\dfrac{Pl_i-F[l_i-(L-l)]}{W}$。将理论计算值与实测计算值进行比较，分析试验测试结果是否与理论分析结果一致。

测量对象为斜杆，选择一个截面（或多个截面）为测量截面，每个截面布置 1 枚电阻应变片，如图 3-3 所示。本试验的组桥方式为单臂半桥。由加载机构对横梁实施加载，斜杆受力发生变形，其表面所贴的电阻应变片随斜杆产生拉伸或压缩变形，其截面的实测应力值$\sigma_s=E\varepsilon$。根据理论分析，斜杆上的轴力 $N=\dfrac{F}{\cos\theta}$，斜杆上的应力$\sigma_1=\dfrac{N}{A}$，A 为所测斜杆截面面积，θ 为斜杆与支架之间的夹角。将理论计算值与实测计算值进行比较，分析试验测试结果是否与理论分析结果一致。

五、试验步骤

（1）熟悉应变仪面板，将电源线接到仪器电源插孔，打开应变仪背面的电源开关。

（2）灵敏系数设定：已知电阻应变片的灵敏系数 $K=2.08$，按 K 键，K 键指示灯亮，灵敏系数显示窗(右下显示窗)无显示，应变仪进入灵敏系数设定状态，通过数字键键入2.08，K键指示灯自动熄灭，灵敏系数设定完毕。

(3) 半桥、全桥选择：根据测量要求，若需要半桥测量，按半桥键，半桥指示灯亮，此时应变仪处于半桥工作状态；若需要全桥测量，按全桥键，全桥指示灯亮，此时应变仪处于全桥工作状态。

(4) 电桥接法：测量对象为横梁时采用双臂半桥，将横梁上面工作片按顺序接入 AB 接线柱上，下面工作片按顺序接到 BC 接线柱上，卸掉短路片，按下半桥键，用置零键将通道置零，并将螺丝拧紧；测量对象为斜杆时采用单臂半桥，将斜杆上面工作片按顺序接入 AB 接线柱上，温度补偿片接到 BC 接线柱上，接好短路片，按下半桥键，用置零键将通道置零，并将螺丝拧紧。

(5) 将加载传感器显示仪表接通电源，清零。

(6) 逆时针转动加载手柄，对试件施加荷载20 N、40 N、60 N、80 N、100 N，依次记录应变仪的读数值，直到预定荷载为止(重复测量3遍)。将每组的测量应变读数填入表中。

(7) 测试完毕关掉电源，拆下接线，将仪器和试验装置恢复至初始状态。

六、试验数据处理

(1) 构件的名义尺寸见表3-2。

表3-2 构件的名义尺寸

<table>
<tr><th colspan="2">截面形状</th><th>材料</th><th>尺寸</th></tr>
<tr><td rowspan="2">横梁</td><td>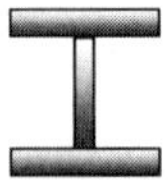</td><td>钢材
40Cr</td><td>腹板：
30 mm(宽)×2 mm(高)
翼缘：
2 mm(宽)×25 mm(高)</td></tr>
<tr><td></td><td>铝材
LY12CZ</td><td>15 mm(宽)×20 mm(高)</td></tr>
<tr><td>斜杆</td><td></td><td>钢材
40Cr</td><td>5 mm×5 mm</td></tr>
</table>

(2) 根据试验记录，将荷载、各测点相应的应变读数及读数增量填写在报告记录表中。

(3) 计算各测点的应变增量平均值 $\Delta\varepsilon$ 及应力增量平均值 $\Delta\sigma_s$。

(4) 根据理论公式求出横梁上的应力增量 $\Delta\sigma_1$ 和斜杆上的应力值 σ_1。

(5) 将各测点的应力值与按照理论公式求出的应力值进行比较。

七、注意事项

(1) 必须严格遵守仪器操作规程。

(2) 应变仪调好后,不要移动和碰触应变片的连线,以免造成测量误差。

(3) 测试过程中加荷载时不要过快、过大。

八、讨论题

(1) 如何计算得出横梁上的轴力和斜杆上的轴力?

(2) 斜杆受拉容易失稳还是受压容易失稳?

第三节 偏心拉伸试验

一、试验目的

(1) 测定偏心拉伸时的最大正应力,验证叠加原理的正确性。

(2) 分别测定偏心拉伸时由轴力和弯矩所产生的应力。

(3) 测定偏心距。

(4) 测定弹性模量。

二、试验设备与工具

(1) 材料力学组合试验台拉伸部件。

(2) YJ-4501A 静态数字电阻应变仪。

(3) 游标卡尺、钢板尺。

三、试验原理

偏心拉伸试件,在外荷载作用下,其轴力 $N=P$,弯矩 $M=Pe$,其中 e 为偏心距。根据叠加原理,横截面上的应力为单向应力状态,其理论计算公式为拉伸应力和弯矩正应力的代数和,即

$$\sigma=\frac{P}{A}\pm\frac{M}{W} \tag{3-1}$$

式中 P——轴力,N;

M——弯矩，N·m；

W——试件的截面系数，$W=hb^2/6$，m^3。

偏心拉伸试件及应变片的布置如图 3-5 所示，R_1 和 R_2 分别为试件两侧沿应变方向粘贴的应变片，另外有 2 枚粘贴在与试件材质相同但不受荷载作用的补偿块上的应变片，则：

$$\begin{cases}\varepsilon_1=\varepsilon_P+\varepsilon_M\\ \varepsilon_2=\varepsilon_P-\varepsilon_M\end{cases} \tag{3-2}$$

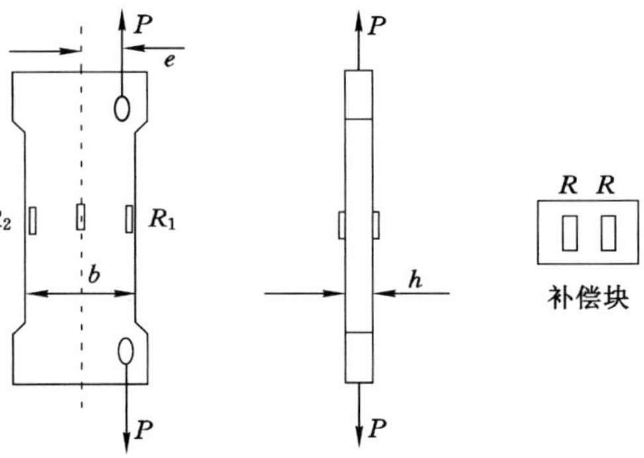

图 3-5　偏心拉伸试件及贴片图

式中　ε_P——轴力引起的拉伸应变；

ε_M——弯矩引起的最大应变。

根据电桥工作原理，采用不同的组桥方式，即可分别测出与轴向力和弯矩有关的应变值。则弹性模量 E 和偏心距 e 可按下式求得：

$$\begin{cases}E=\dfrac{\Delta P}{\varepsilon_P A}\\ e=\dfrac{hb^2E\varepsilon_M}{6\Delta P}\end{cases}$$

最大正应力和由轴力、弯矩分别产生的应力可按下式求得：

$$\sigma_{\max,\min}=\sigma_P\pm\sigma_M$$

式中，$\sigma_P=\dfrac{\Delta P}{A_0}$；$\sigma_M=\dfrac{M}{W}=\dfrac{6\Delta Pe}{hb^2}$。

直接采用单臂半桥方式分别测得 R_1 和 R_2 在荷载作用下所产生的应变值 ε_1 和 ε_2，然后计算得到轴力引起的拉伸应变 ε_P 和弯矩引起的应变 ε_M（此电桥是由 R_1 或 R_2 与温度补偿片组成的电桥）；也可以采用双臂半桥方式直接测得弯矩引起的应变 ε_M（此电桥是由 R_1 和 R_2 组成的双臂半桥，不需要温度补偿片），采用全桥方式直接测得由轴力引起的应变 ε_P（此电桥是由 R_1 和 R_2 组成的全桥，需要温度补偿片）。组桥图如图 3-6 所示。

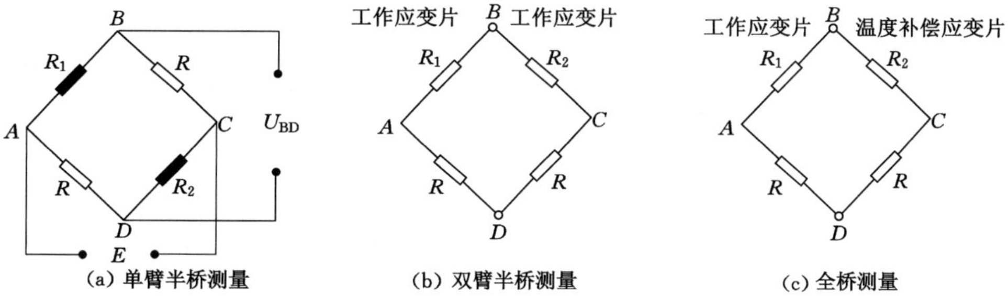

图 3-6　组桥图

四、试验步骤

（1）测量试件尺寸。在试件标距范围内测量试件 3 个横截面尺寸，取 3 处横截面面积的平均值作为试件的横截面面积A_0，填入表 3-3。

（2）拟定加载方案。先选取适当的初始荷载P_0（一般取$P_0=10\%P_{max}$），估算P_{max}（该试验荷载范围为 $P_{max}\leqslant 5\ 000$ N），分 4～6 级加载。

表 3-3　试件相关数据

试件参数	厚度 h/mm	宽度 b/mm	横截面面积 $A_0=bh$ (mm²)
截面Ⅰ			
截面Ⅱ			
截面Ⅲ			
平均值			

（3）根据加载方案，调整好试验加载装置。

（4）按自行设计的桥路接线，调整好仪器，检查整个系统是否处于正常工作状态。

（5）均匀缓慢加载至初始荷载P_0，记下各点应变的初始读数（填入表 3-4、表 3-5）；然后分级等增量加载，每增加一级荷载，依次记录应变值 ε_P 和 ε_M，直到最终荷载。试验至少重复 3 次。

（6）做完试验后卸掉荷载，关闭电源，整理好所用仪器设备，清理试验现场，将所用仪器设备复原，试验资料交指导教师检查签字。

表 3-4　单臂半桥试验数据记录表

荷载/N	P						
	ΔP						
应变仪读数/(×10⁻⁶)	ε_1						
	$\Delta\varepsilon_1$						
	平均值						
	ε_2						
	$\Delta\varepsilon_2$						
	平均值						

表 3-5　双臂半桥及全桥试验数据记录表

荷载/N	P						
	ΔP						
应变仪读数/(×10⁻⁶)	ε_P						
	$\Delta\varepsilon_P$						
	平均值						
	ε_M						
	$\Delta\varepsilon_M$						
	平均值						

五、试验结果处理

(1) 求弹性模量 E

$$\begin{cases} \varepsilon_P = (\varepsilon_1 + \varepsilon_2)/2 \\ E = \dfrac{\Delta P}{A_0 \varepsilon_P} \end{cases}$$

(2) 求偏心距 e

$$\begin{cases} \varepsilon_M = (\varepsilon_1 - \varepsilon_2)/2 \\ e = \dfrac{EW}{\Delta P} \varepsilon_M \end{cases}$$

式中，$W = hb^2/6$。

(3) 理论应力值计算

$$\begin{cases}\sigma_{\max} = \dfrac{\Delta P}{A_0} + \dfrac{\Delta Pe}{W} \\ \sigma_{\min} = \dfrac{\Delta P}{A_0} - \dfrac{\Delta Pe}{W}\end{cases}$$

（4）试验应力值计算

$$\begin{cases}\sigma_{\max} = E(\varepsilon_P + \varepsilon_M) \\ \sigma_{\min} = E(\varepsilon_P - \varepsilon_M)\end{cases}$$

六、讨论题

（1）如果只需要测轴向正应力或弯曲正应力，测量电桥应如何连接？

（2）怎样计算理论计算结果与实测值的相对误差？

第四节　压杆稳定试验

一、试验目的

（1）用电测法测定两端铰支压杆的临界荷载P_{cr}，并与理论计算结果进行比较，验证欧拉公式。

（2）观察和了解细长管轴向受压时丧失稳定性的现象。

二、试验设备与工具

（1）材料力学组合试验台中压杆稳定试验部件。

（2）YJ-4501A静态数字电阻应变仪。

（3）游标卡尺、钢板尺。

三、试验原理和方法

当作用在细长杆上的轴向压力达到或超过一定限度时，杆件可能突然弯曲，即失稳。杆件失稳往往会产生很大的变形，甚至导致系统破坏。因此，对于轴向受压的杆件，除了考虑强度和刚度外，还应考虑其稳定性。

当细长杆轴向压力小于临界压力时，杆件的轴向变形较小，压杆的直线平衡是稳定的，轴向变形与荷载呈线弹性关系，即使对杆施以微小的侧向干扰时其稍微弯曲，解除干扰后压杆也将恢复其原来的直线状态。

当轴向压力逐渐增大至超过某一值时，压杆受到微小的干扰后弯曲，解除干扰后压杆不能恢复直线状态，将继续弯曲，产生显著的弯曲变形，即丧失了原有的平衡状态，这时的平衡状态是不稳定的。使压杆直线形态的平衡状态开始由稳定转变为不稳定的轴向压力值称为压杆的临界荷载P_{cr}。按照欧拉公式可得：

$$P_{cr}=\frac{\pi^2 EI}{(\mu l)^2}$$

式中 I——试件截面的最小惯性矩，$I=bh^3/12$，cm^4；

E——材料的弹性模量，GPa；

l——压杆的计算长度，m；

μ——与压杆端点支座情况有关的系数，两端铰支时$\mu=1$。

压杆的受力图如图3-7(a)所示。当压杆所受的荷载P小于试件的临界荷载P_{cr}时，压杆在理论上应保持直线形状，压杆处于稳定平衡状态；当$P=P_{cr}$时，压杆处于稳定与不稳定平衡之间的临界状态，稍有干扰，压杆即失稳而弯曲，其挠度迅速增大。若以荷载P为纵坐标，压杆中点挠度δ为横坐标，按欧拉小挠度理论绘出的P-δ图形即折线OAB，如图3-7(b)所示。

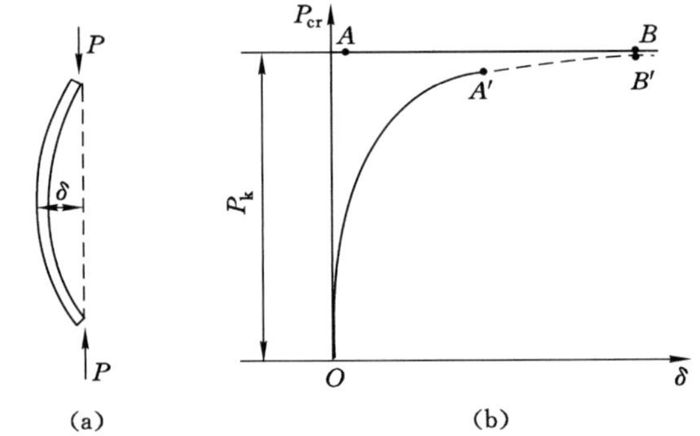

图3-7 压杆的受力和变形图

由于试件可能有初始曲率、荷载可能有微小偏心以及材料的不均匀性等，压杆在受力后就会弯曲，其中点A挠度δ随荷载的增大逐渐增大。当$P\ll P_{cr}$时，δ增大缓慢；当P接近P_{cr}时，虽然P增大很慢，但是δ迅速增大。如曲线$OA'B'$与折线OAB的偏离，就是初始曲率、荷载偏心等造成的，此影响越大，偏离就越大。

若令杆件轴线为x轴，杆件下端为坐标轴原点，则在$x=l/2$处横截面上的内力如图3-8(c)所示，即

$$\begin{cases}M_{x=\frac{l}{2}}=P\delta\\N=-P\end{cases}$$

横截面上的应力为：

$$\sigma=\frac{P}{A}\pm\frac{M}{I}$$

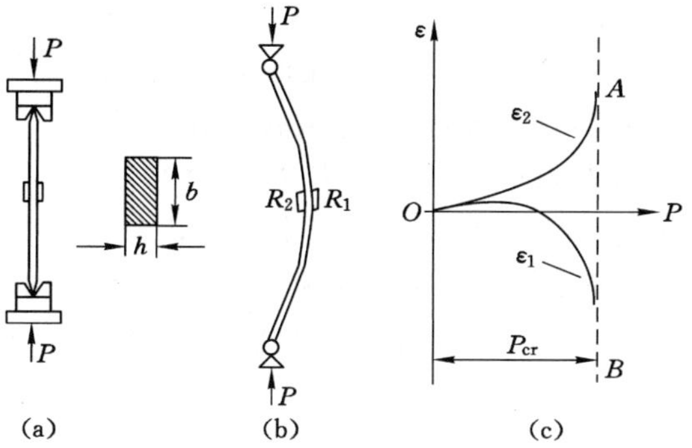

图 3-8　压杆稳定

测定 P_{cr}时，本试验采用材料力学多功能试验装置中压杆稳定试验部件，该装置压杆两端的支座为 V 形槽口，将带有圆弧尖端的压杆装入支座中，在外力作用下，通过能上下活动的上支座对压杆施加荷载，压杆变形时，两端能自由地绕 V 形槽口转动，即相当于两端铰支的情况。利用电测法在压杆中央两侧各贴 1 枚应变片R_1和R_2，如图 3-8(b)所示，采用单臂半桥连接方式，假设压杆受力后如图 3-8(b)所示向右弯曲情况下，以 ε_1 和 ε_2 分别表示应变片R_1和R_2左右两点的应变值。此时，ε_1是由轴向压应变与弯曲产生的拉应变之和，ε_2是由轴向压应变与弯曲产生的压应变之和。

当 $P\ll P_{cr}$时，压杆几乎不发生任何弯曲变形，ε_1 和 ε_2 均为轴向压缩引起的压应变，两者相等；当荷载 P 增大时，弯曲应变逐渐增大，ε_1 和 ε_2 的差值也越来越大；当荷载 P 接近临界荷载 P_{cr}时，二者相差更大，而ε_1 变成拉应变；无论是 ε_1 还是 ε_2，当荷载 P 接近临界荷载 P_{cr}时，均急剧增大。如用横坐标代表荷载 P，纵坐标代表压应变 ε，则压杆的 P-ε 关系曲线如图 3-9(c)所示。由图 3-9(c)可以看出：当 P 接近 P_{cr}时，P-ε_1 和 P-ε_2 关系曲线都接近同一水平渐近线，此渐近线即临界荷载，A 点对应的横坐标即试验临界压力值。

四、试验步骤

(1) 设计好本试验所需的各类数据表格。

(2) 量取试件尺寸。在试件标距范围内测量试件 3 个横截面尺寸，取 3 处横截面的宽度 b 和厚度 h，取其平均值用于计算横截面的最小惯性矩 I。

(3) 拟定加载方案。加载前用欧拉公式求出压杆临界荷载 P_{cr} 的理论值。

在预估临界荷载的 80%以内可采用等级加载，进行荷载控制。例如，可以分成 4～5 级加载，荷载每增加 ΔP，记录相应的应变值。超过此范围后，接近失稳时变形量快速增大，此时荷载增量应取小些，或者改为变形量控制加载，即变形每增加一定的数量读取相应的荷载，直到 P 的变化很小，渐近线的趋势已经明显为止。

（4）根据设计好的加载方案，调整好试验加载装置。

（5）按试验要求将电阻应变片 R_1 和 R_2 按单臂半桥方式接入静态电阻应变仪，调整好仪器，检查整个系统是否处于正常工作状态。

（6）加载分为 3 个阶段：荷载在达到理论临界荷载 P_{cr} 的 80%之前，由荷载控制，均匀缓慢加载，每增加 1 级荷载，记录两点应变值 ε_1 和 ε_2；荷载超过理论临界荷载 P_{cr} 的 80%之后，由变形控制，每增加一定的应变量，读取相应的荷载；当应变突然变得很大时，即试件的弯曲变形明显时，停止加载，记录此时的荷载，然后按照加载的逆顺序逐渐卸掉荷载，仔细观察应变是否回到顺序加载时的数值，直到试件回弹到初始状态。如此试验，重复做 3 次。

（7）做完试验后逐级卸掉荷载，关闭电源，整理好所用仪器设备，清理试验现场，将所用仪器设备复原。

试件相关数据见表 3-6，试验数据见表 3-7。

表 3-6　试件相关数据

试件参数	截面Ⅰ	截面Ⅱ	截面Ⅲ	平均值
厚度 h/mm				
宽度 b/mm				
长度 l/mm				
最小惯性矩	$I=bh^3/12$			
弹性模量	$E=210$ GPa			

表 3-7　试验数据

荷载 P/N	应变仪读数 /$\times10^{-6}$	
	ε_1	ε_2

五、试验结果处理

(1) 根据试验数据绘制 $P\text{-}\varepsilon_1$ 和 $P\text{-}\varepsilon_2$ 关系曲线，以确定实测临界荷载 P_{cr}。

(2) 计算理论临界荷载 P_{cr}。

试件最小惯性矩：　　$I=\dfrac{bh^3}{12}=$　　　　m^4

试件长度：　　$l=$　　　　m

理论临界荷载：　　$P_{cr}=\dfrac{\pi^2 EI}{(\mu L)^2}=$　　　　N

(3) 将计算结果填入表 3-8 中。

表 3-8

试验值 $P_{cr实}$	理论值 $P_{cr理}$	误差百分率 $(\lvert P_{cr理}-P_{cr实}\rvert/P_{cr理})/\%$

六、讨论题

(1) 欧拉公式的应用范围。

(2) 若临界荷载的实测值远低于理论值，其主要原因是什么？

第五节　工字梁纯弯曲正应力的分布规律试验

一、试验目的

(1) 熟悉并掌握电阻应变测量技术的基本原理和方法。

(2) 测量工字梁纯弯曲截面上的正应力大小及分布规律。

二、试验装置

本试验采用对称工字截面纯弯曲梁，材料为 45 钢调质处理，弹性模量 $E=210$ GPa，梁的侧面沿与轴线平行的不同高度上粘贴单向电阻应变片，截面的尺寸和应变片位置如图 3-9 所示。

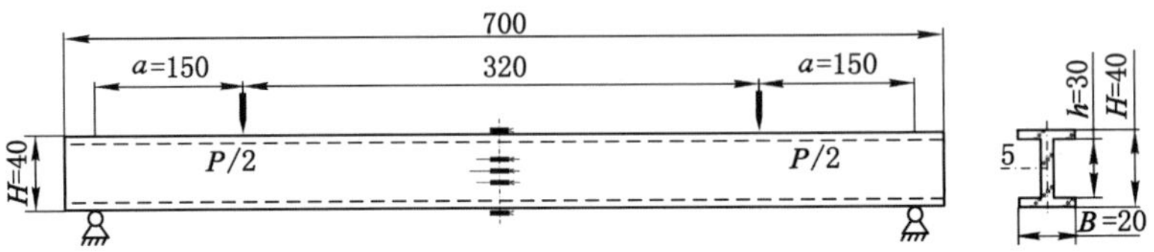

图 3-9　工字梁截面(单位:mm)

三、试验原理与方法

工字梁在集中荷载 P 的作用下发生弯曲变形,其截面上所承受的弯矩为:

$$M=\frac{1}{2}Pa$$

因工字梁被测中段是纯弯曲区域,荷载作用于纵向对称平面且在弹性范围内,故为弹性范围内的平面弯曲问题,纯弯曲梁的正应力公式为:

$$\sigma_{理}=\frac{My}{I_z}$$

式中　M——纯弯曲段梁截面上的弯矩;

I_z——横截面对中性轴的惯性矩;

y——截面上测点到中性轴的距离。

对于对称工字形截面,梁的中性轴(z 轴)在其几何中心线上,截面的惯性矩 I_z 为:

$$I_z=\frac{1}{12}(BH^3-bh^3)$$

将梁上的应变片以单臂半桥方式分别接入应变仪的通道中,共用一个温度补偿片,组成单臂半桥。当梁在荷载 P 作用下弯曲变形时,工作片的电阻随着梁的变形而变化。通过电阻应变仪可以分别测得各对应位置的应变量 $\varepsilon_{实}$。根据胡克定律可以计算得到相应的应力值。

$$\sigma_{实}=E\varepsilon_{实}$$

四、试验步骤

(1) 分别测量梁的截面尺寸、应变片位置参数、支点及受力点距离等。

(2) 预热应变仪和荷载显示仪,检查各种仪器是否连接好,将各测点的工作应变片和温度补偿片按顺序接到应变仪的所选通道上。

(3) 逐一将应变仪的所选通道电桥调平衡。

(4) 检查各项准备工作和线路无误后,进行等量逐级加载(可取 $\Delta P=1\ \text{kN}$),每施加一级荷载,读取各相应电阻应变片的应变值。加载应保持缓慢、均匀、平稳。

（5）将试验数据记录在试验报告的相应表格中。

（6）整理仪器和试验装置。

第六节　T形梁纯弯曲正应力的分布规律试验

一、试验目的

（1）熟悉电阻应变测量技术的基本原理和方法。

（2）测量T形截面上的正应力。

（3）熟悉各种平面图形的几何性质的分析方法，比较各种截面上正应力分布规律。

二、试验装置

本试验采用T形截面纯弯曲梁，材料为45钢调质处理，弹性模量 $E=210$ GPa，在其长度方向上制成T形截面，在梁的侧面沿与轴线平行的不同高度上粘贴单向应变片，截面的尺寸及应变片位置如图3-10所示。通过材料力学多功能试验装置实现等量逐级加载，荷载大小由数字荷载显示仪显示。

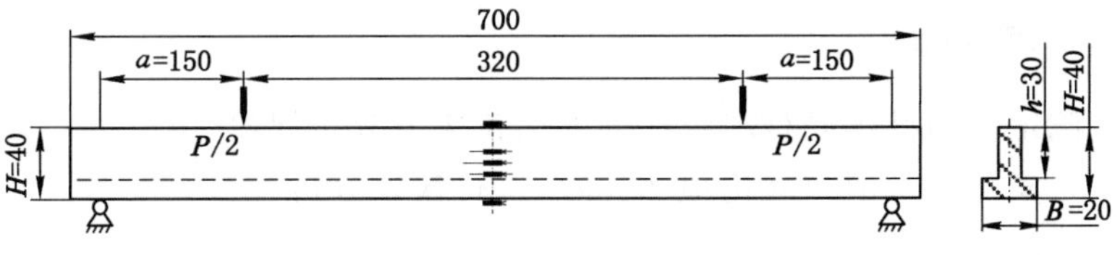

图3-10　T形梁截面(单位：mm)

三、试验原理与方法

在荷载 P 作用下梁弯曲变形，截面上所承受的弯矩均为：

$$M=\frac{1}{2}Pa$$

横截面上的正应力理论计算公式为：

$$\sigma_{理}=\frac{My}{I_z}$$

式中　y——欲求应力点到中性轴的距离。

将每段梁上的应变片以单臂半桥形式接入应变仪的通道中，共用一个温度补偿片。当梁在荷载 P 作用下弯曲变形时，工作片的电阻随着梁的变形而变化，通过电阻应变仪可以测得各对应位置处的应变值$\varepsilon_{实}$。根据胡克定律可计算出相应的应力值。

$$\sigma_{实}=E\varepsilon_{实}$$

四、试验步骤

(1) 分别测量梁的各个截面尺寸、应变片位置参数及其他有关尺寸，预热应变仪和荷载显示仪。

(2) 检查各个仪器是否连接好，按顺序将各个应变片按单臂半桥接法接入应变仪的所选通道上。

(3) 逐一将应变仪的所选通道电桥调平衡。

(4) 进行等量逐级加载(可取 $\Delta P=1$ kN)，每施加一级荷载，分别读取各相应电阻应变片的应变值。加载应保持缓慢、均匀、平稳。

(5) 将试验数据记录在试验报告的相应表格中。

(6) 整理仪器，结束试验。

第七节　组合叠梁应力测定试验

一、试验目的

(1) 测定由两种不同材料组成的叠梁正应力分布规律。

(2) 将实际测试值与理论值相比较，进行误差分析。

二、试验设备和仪器

(1) 静态应变测试仪。

(2) 游标卡尺和钢尺等。

三、试验原理和方法

在实际结构中，由于工作需要，将单一的梁、板、柱等构件组合起来形成另一种新的构件形式，从而经常被采用。如支承车架的板簧，由多片微弯的钢板重叠组合而成。厂房内钢轨、钢筋混凝土梁共同承担吊车和重物的重力。组合梁的实际工作状态是复杂多样的，为了便于在实验室进行试验，仅选择 2 根截面积相等的矩形梁，用不同材料组成叠梁；用电测法测定其应力分布规律，材料为钢和铝，钢梁弹性模量 $E=210$ GN/m^2，铝梁弹性模量 $E=70$ GN/m^2，如图 3-11 所示。

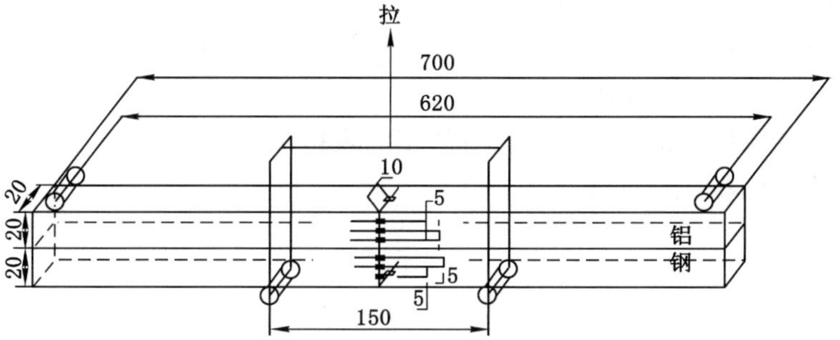

图 3-11　叠梁外形与应变片分布(单位:mm)

叠梁横截面弯矩:

$$M=M_1+M_2$$

$$\frac{1}{\rho}=\frac{M_1}{E_1 I_{z1}}=\frac{M_2}{E_2 I_{z2}}=\frac{M}{E_1 I_{z1}+E_2 I_{z2}}$$

式中　I_{z1}——铝梁截面对 z_1 轴的惯性矩;

I_{z2}——钢梁截面对 z_2 轴的惯性矩。

因此,可得到铝梁和钢梁正应力计算公式分别为:

$$\sigma_1=E_1\frac{y_1}{\rho}=\frac{E_1 M y_1}{E_1 I_{z1}+E_2 I_{z2}}$$

$$\sigma_2=E_2\frac{y_2}{\rho}=\frac{E_2 M y_2}{E_1 I_{z1}+E_2 I_{z2}}$$

式中　y_1——铝梁上测点距 z_1 轴的距离;

y_2——钢梁上测点距 z_2 轴的距离。

由此可知:当叠梁的材质和惯性矩相同时,弯矩是根据参与叠梁的根数进行等分配的;当材料不同时,其弯矩是根据抗弯刚度来分配的。因此,材质不同的 2 根梁组成的叠梁(惯性矩相等),在离各自中性层等距离点处的应力是不等的。

四、试验步骤

(1) 分别测量梁的各个截面尺寸、应变片位置参数及其他有关尺寸,预热应变仪和荷载显示仪。计算中性轴位置及各个截面的惯性矩 I_z。

(2) 检查各种仪器是否连接好,按顺序将各个应变片按单臂半桥接法接入应变仪的所选通道上。

(3) 逐一将应变仪的所选通道电桥调平衡。

(4) 摇动多功能试验装置的加载机构，进行用等量逐级加载(可取最终荷载 $P=2$ kN，每级荷载 500 N)，每施加一级荷载，读取各相应电阻应变片的应变值。加载应保持缓慢、均匀、平稳。

(5) 将试验数据记录在试验报告的相应表格中。

(6) 整理仪器，结束试验。

第四章　机械测量试验

第一节　低碳钢预拉压等幅循环拉伸试验

一、试验目的

(1) 了解包辛格效应。

(2) 学会使用程控功能编写等幅循环荷载拉伸试验程序。

(3) 观察低碳钢在预拉压循环作用下的力学行为。

(4) 分析低碳钢的包辛格效应以及预拉压循环次数对低碳钢力学行为的影响。

二、试验设备及试样

(1) CMT-5205 电子万能试验机、电脑、打印机、游标卡尺。

CMT-5205 电子万能试验机(图 4-1),最大工作力 200 kN,主要由动力主机和测试系统(由信号输入、放大、模数转换、处理、显示、输出等部件构成)(图 4-2)组成。输入部分由力和位移传感器感知被测量的变化形成输入信号传输至放大部分,放大部分将信号放大到足以启动执行元件的工作电压后传输至模数转换部分,转换部分将模拟量转换成处理器能够识别的二进制数字量传输至处理器进行计算、存储,显示与输出部分用来显示测试信号和打印测试结果。

(2) 低碳钢拉伸试件(图 4-3)。

三、试验原理

1. 钢材在单向一次拉伸下的工作性能

钢材的单向一次拉伸试验也称为单调拉伸试验。由图 4-4 可以看出:在应力值达到比例极限之前钢材的变形是弹性的;在比例极限之后,进入弹塑性阶段;达到屈服极限之后,出现一段纯塑性变形,也称为塑性平台;之后强度又有所升高,出现强化阶段,直至发生颈缩破坏。钢材的单调拉伸应力-应变关系曲线

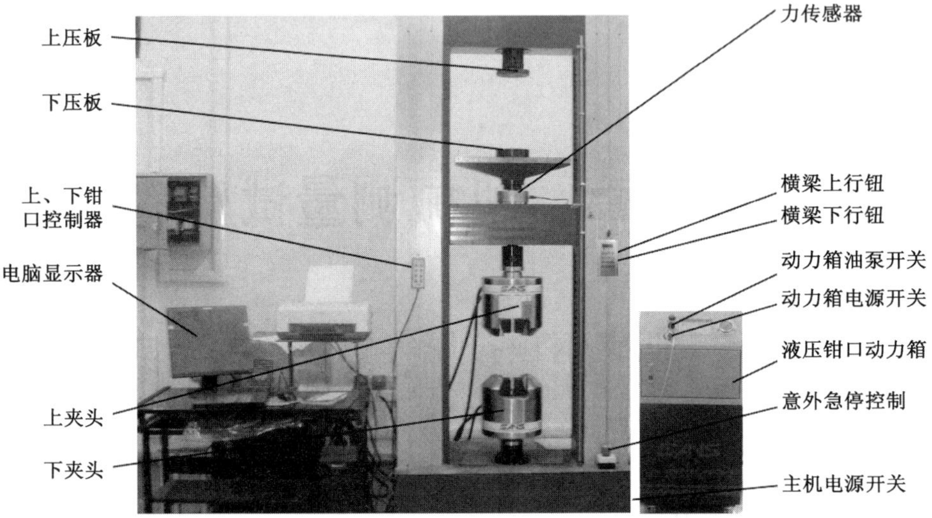

图 4-1　CMT-5205 电子万能试验机

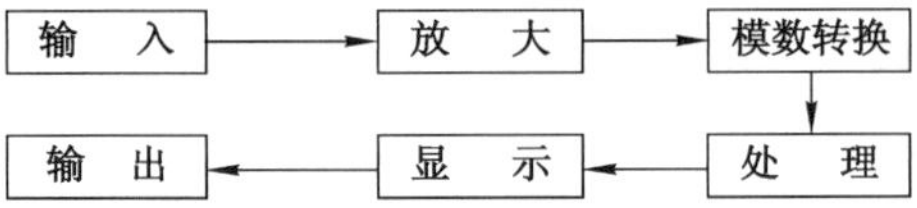

图 4-2　测试系统构成框图

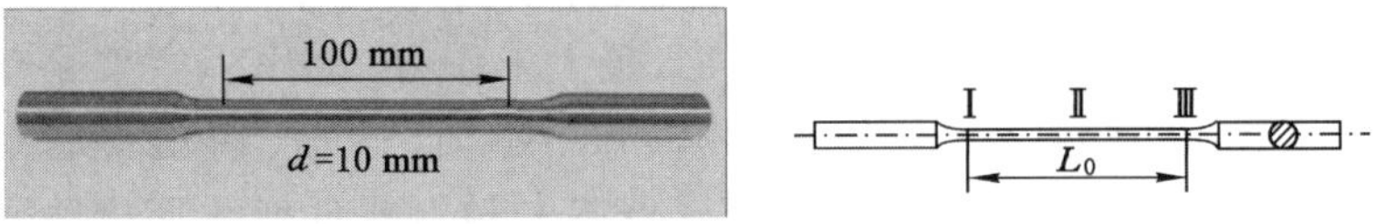

(a)　(b)

图 4-3　低碳钢拉伸试件

提供了 3 个重要的力学性能指标:抗拉强度、伸长率和屈服极限。由单调拉伸试验还可以看出钢材的韧性。韧性可以用材料破坏过程中单位体积吸收的总能量来衡量,包括弹性能和非弹性能两个部分,其数值等于应力-应变关系曲线和坐标轴围成图形的总面积。当钢材有发生脆性破坏的趋势时,裂纹扩展释放出来的弹性能往往成为裂纹继续扩展的驱动力,而扩展前所消耗的非弹性能量则成为裂纹扩展的阻力。

由图 4-4 可以看出:屈服极限以前的应变很小,如果把钢材的弹性工作阶段提高到屈服极限,且不考虑强化阶段,则可把应力-应变关系曲线简化为图 4-5 所示 2 条直线,称为理想弹塑性体工作曲线。它表示钢材在屈服点以前的应力-

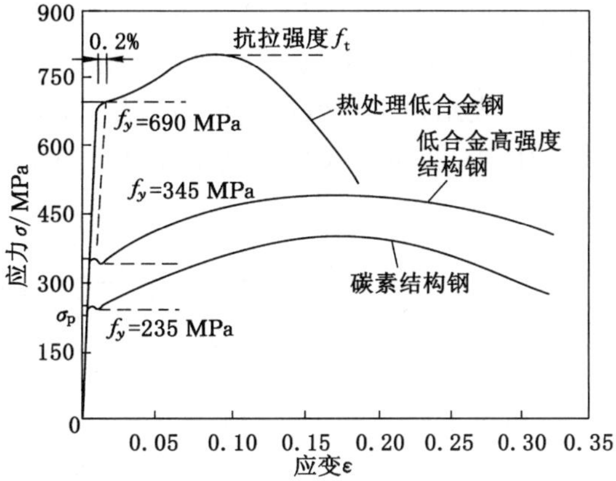

图 4-4　钢材的单调拉伸应力-应变关系曲线

应变关系符合胡克定律，接近理想弹性体；在屈服点以后塑性平台阶段又近似于理想的塑性体。

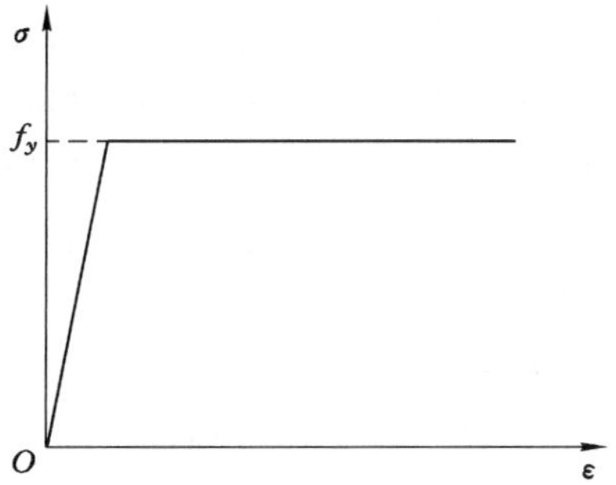

图 4-5　理想弹塑性体应力-应变关系曲线

2. 钢材在预拉压循环下的工作性能

包辛格在对钢进行一系列的拉伸和压缩试验后发现：在反向变形期间，其屈服极限降低，即在一定量的单向拉伸或压缩塑性变形后进行反向加载，材料的屈服极限低于连续正向变形的屈服极限，这种现象称为包辛格效应。

包辛格效应可以用一个反向应变量来定量描述。这一反向应变量，是指荷载反向后为了使反向流变应力在数值上等于正向形变所达到的最大流变应力所需增加的附加应变的大小。

如图 4-6(a)所示，ABC 代表单轴拉伸中的正向变形，C 是卸载点。CD 是拉伸卸载段，而 DEF 是反向(压缩) 加载段。不管加载方向是正还是反，将应力值和累积应变量重新画在图 4-6(b) 中。$ABCD$ 代表拉伸段，而 DEF 代表压缩加载部分。同时把正向硬化段延长至 C' 点，于是近似平行的线段 CC' 和 EF 之间的流变应力水平的瞬时差 $\Delta\sigma_b$ 表示包辛格效应的应力参量，反映永久软化程度。与此类似，最大正向拉伸应力点 C 处的正反向之间的应变差 $\Delta\varepsilon_b$ 是个应变特征参量，称为包辛格应变。

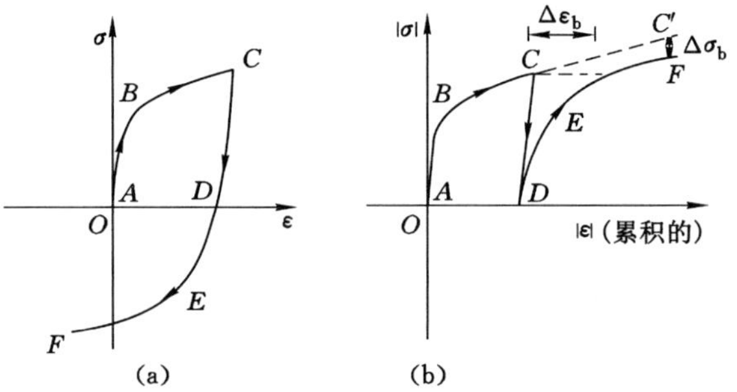

图 4-6　金属材料的单向拉伸、压缩曲线

包辛格效应的成因有两种看法：① 位错塞积引起的长程内应力(常称为反向应力)，反向加载时有助于位错运动而降低比例极限所致。② 预应变使位错运动阻力出现方向性所致。经过正向变形后，晶内位错最终总是停留在障碍密度较高处(图 4-7 中 1 和 2 处)，一旦有反向变形，则位错很容易克服曾经扫过的障碍密度较低处，到达相邻的另一障碍密度较高处。熟悉包辛格效应的机制有助于建立材料在复杂循环塑性变形下的结构模型，从本质上理解加工硬化现象，合理说明材料的疲劳特性，如循环蠕变、弹性后效等。

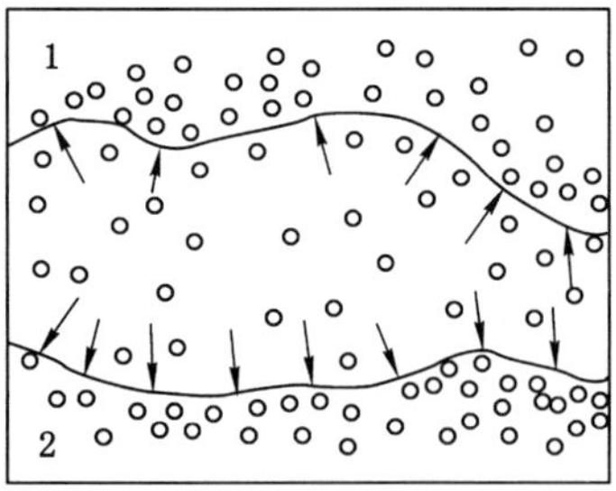

图 4-7　变形障碍的各向异性引起的包辛格效应

衡量包辛格效应强弱的参量有：正、反向流变应力或差异的应力参量；给定应力下比较反向应变大小的应变参量；能量参量等。

包辛格效应对于研究金属疲劳问题很重要，因为疲劳是在反复交变加载情况下出现的。

试验研究发现：钢材承受拉力至产生塑性变形，卸载后再使其受拉，其受拉的屈服强度提高至卸载点(冷作硬化现象)；卸载后使其受压，其受压的屈服强度将低于一次受压时的值。钢材经预拉压后表现出的包辛格效应如图 4-8 所示。在交变荷载作用下，随着应变幅值的增大，钢材的应力-应变关系曲线形成滞回曲线，如图 4-9 所示。

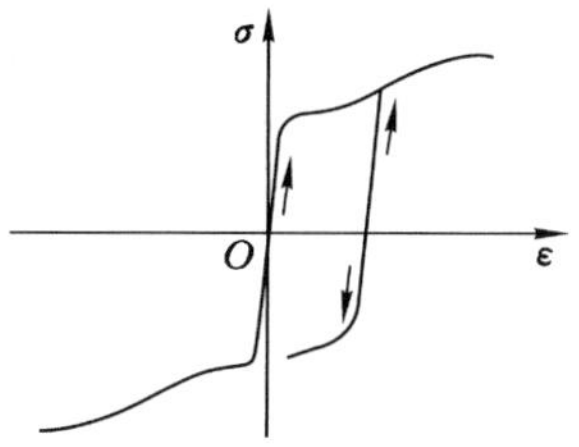

图 4-8　钢材的包辛格效应

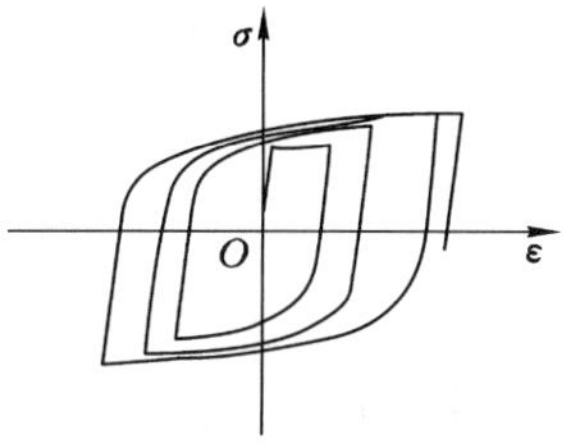

图 4-9　交变荷载作用下钢材应力-应变关系曲线形成的滞回曲线

科研工作者经过大量试验研究得出 Q235 钢在循环加载过程中产生了明显的包辛格效应。并且当 Q235 钢试样经历一定循环次数后，再对其进行单轴拉伸破坏试验，其静态力学参数(屈服强度、抗拉强度、伸长率)均呈现下降趋势。

四、试验步骤

(1) 对低碳钢试件进行编号，试件 1 为单调拉伸试件，试件 2 为预拉压循环后轴向拉伸试件。在试件 1 和试件 2 相对应位置处标记Ⅰ、Ⅱ、Ⅲ横截面，Ⅰ和Ⅲ横截面间距离为试件标距 100 mm，使用游标卡尺测定各横截面直径 2 次(交叉 90°进行)，标距 1 次，记录数据。

(2) 启动计算机，打开试验软件 SMART TEST，开启电子万能试验机、液压动力箱，将试件 1 安装在试验机夹头内。

(3) 对试件 1 进行一次拉伸试验至断裂，拍摄断裂外貌，测量试件 1 断裂后标距 1 次、断口处横截面直径 2 次(交叉 90°进行)，记录数据，打印试件 1 单调拉伸曲线。

(4) 安装低碳钢试件 2，之后在试验软件 SMART TEST 中选择“程控”，编写低碳钢预拉压等幅循环拉伸破坏试验程序，检查试验程序无误后保存并开始试验，同时观察试验现象；试件 2 断裂后，拍摄试件 2 断裂外貌，测量断裂后试件标距、断口处横截面直径 2 次(交叉 90°进行)，数据填入表 4-1；将相关数据输入试验软件，确认无误后打印试验曲线。

五、试验报告要求

（1）试验数据。

表 4-1　测量数据记录表　　　　单位：mm

试样	试验前				断裂后	
	横截面Ⅰ直径	横截面Ⅱ直径	横截面Ⅲ直径	标距	断口处横截面直径	标距
试件 1						
试件 2						

（2）根据试验低碳钢单调拉伸破坏曲线与预拉压循环后拉伸破坏曲线分别标出各自屈服极限、强度极限所对应的位置。

（3）讨论低碳钢预拉压循环下的包辛格效应。

（4）比较分析低碳钢单调拉伸与预拉压循环后拉伸破坏力学性能的区别。

第二节　不同加载速率下煤岩材料单轴压缩试验

一、试验目的

（1）掌握岩石单轴压缩试验原理及方法。

（2）观察各加载速率时煤岩试件的变形破坏过程。

（3）获得各加载速率时煤岩试件的应力-应变关系曲线。

（4）总结加载速率对煤岩试件力学性能的影响。

二、试验设备及试件

（1）CMT-5205 电子万能试验机、电脑、打印机、游标卡尺。

（2）煤岩圆柱体试件：直径 50 mm，高 100 mm；层理方向水平。也可以采用立方体试件（50 mm×50 mm×50 mm）。广泛采用的是圆柱体试件。如图 4-10 所示。

三、试验基本原理

1. 岩石在单轴压缩条件下的变形和破坏特征

岩石在荷载作用下首先发生的物理现象是变形，随着荷载的不断增大或者在恒定荷载作用下，随着时间的增加，岩石变形逐渐增大，最终破坏。按照岩石

图 4-10　煤岩试件

的应力-应变-时间关系，可将岩石的变形分为弹性变形、塑性变形和黏性变形三种。

弹性是指物体在受外力作用下瞬间即产生全部变形，而去除外力（卸载）之后又能立即恢复原有形状和尺寸的性质，此时产生的变形称为弹性变形，具有弹性性质的物体称为弹性体。弹性体按照其应力-应变关系又可以分为两种类型：① 线弹性体（或称为理想弹性体），其应力-应变呈线性关系，如图 4-11(a)所示。② 非线弹性体，其应力-应变呈非线性关系。塑性指物体受力后产生变形，在外力去除（卸载）后变形不能完全恢复的性质，不能恢复的那部分变形称为塑性变形，或称为永久变形、残余变形。在外力作用下只发生塑性变形的物体称为理想塑性体，理想塑性体的应力-应变关系如图 4-11(b)所示。物体受力后变形不能在瞬时完成，且应变速率随应力增大而增大的性质，称为黏性，其应力-应变速率关系为过坐标原点的直线，该物体称为理想黏性体（牛顿流体），如图 4-11(c)所示。

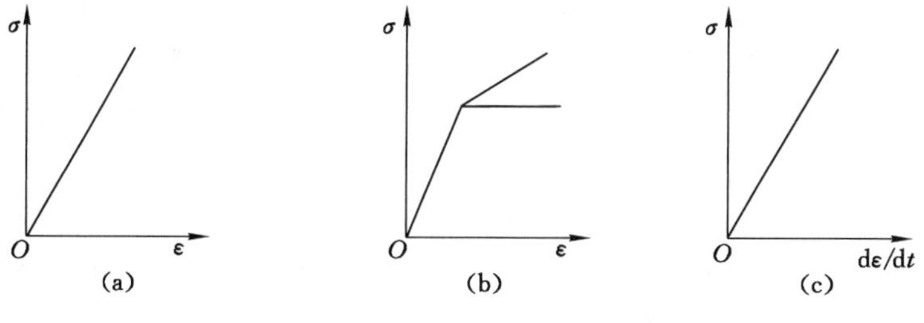

图 4-11　岩石应力、应变、时间关系

岩石是矿物的集合体，具有复杂的组成成分和结构，因此力学性能也很复杂，还与受力条件、温度等环境因素有关。常温常压下，岩石既不是理想的弹性体，也不是简单的塑性体和黏性体，而往往表现出弹-塑性、塑-弹性、弹-黏-塑性或黏-弹性等复合性质。

岩石试件在单轴压缩荷载作用下产生的变形过程如图 4-12 所示。

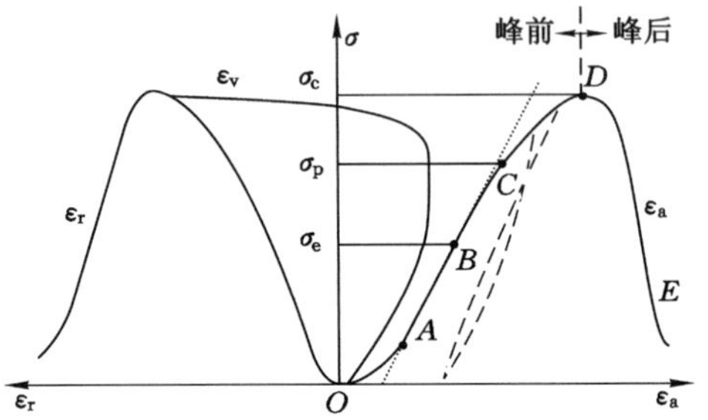

图 4-12　单轴压缩条件下岩石变形过程

在孔隙压密阶段(OA),试件中原有张开性结构面或微裂隙逐渐闭合,岩石被压密,形成早期的非线性变形,应力-应变关系曲线呈上凹形。该阶段试件横向膨胀较小,试件体积随荷载增大而减小。弹性变形阶段(AB)和微裂隙稳定发展阶段(BC)的应力-应变关系曲线近似呈直线。微裂隙非稳定破裂发展阶段(CD)也称为累进性破裂阶段。C 点是岩石从弹性变为塑性的转折点,称为屈服点。σ_p 为屈服应力,该阶段微破裂的发展出现质的变化,破裂不断发展,直至试件破坏。试件由体积压缩转为扩容,轴向应变和体积应变速率迅速增大,D 点对应的应力值称为峰值强度。破坏后阶段(DE)试件内部结构遭到破坏,但试件基本保持整体状,裂隙快速发展而交叉并相互联合形成宏观断裂面。之后岩石变形表现为沿宏观断裂面的块状滑移,试件承载力随变形增大迅速下降,但并不降到 0,说明破裂后的岩石仍具有一定承载能力。

岩石的应力-应变关系曲线根据岩石性质可分为不同的类型。米勒采用 28 种岩石进行大量的单轴压缩试验后,根据峰值前的应力-应变关系曲线将岩石分成 6 种类型,分别为类型Ⅰ——弹性体、类型Ⅱ——弹-塑性体、类型Ⅲ——塑-弹性体、类型Ⅳ——塑-弹-塑性体、类型Ⅴ——基本与类型Ⅳ相同但曲线斜率较小、类型Ⅵ——弹-黏性体等(图 4-13)。

岩石在单轴压缩荷载作用下达到破坏时所能承受的最大压应力称为岩石的单轴抗压强度,或称为非限制性抗压强度。试件只受到轴向压力作用,侧向没用压力,因此试件的横向变形没有受到限制,如图 4-14(a)所示。

试件在单轴压缩荷载作用下有三种破坏形式:

① X 形共轭斜面剪切破坏,如图 4-14(b)所示,破坏面法线与荷载轴线(即试件轴线)的夹角 $\beta=\frac{\pi}{4}+\frac{\varphi}{2}$,式中 φ 为岩石的内摩擦角。这种破坏形式最常见。

② 单斜面剪切破坏,如图 4-14(c)所示。β 的定义与图 4-14(b)相同。

这两种破坏都是破坏面上的剪应力超过极限引起的,因而被视为剪切破坏。

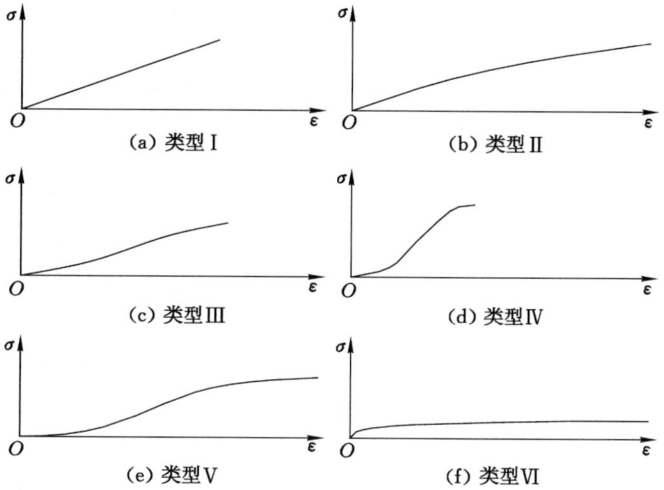

图 4-13　峰值前岩石的典型应力-应变关系曲线

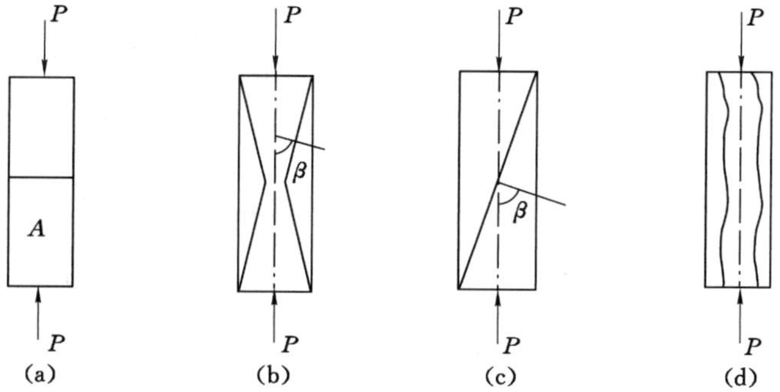

图 4-14　单轴压缩时岩石的常见破坏形式

但破坏前破坏面所必须承受的最大剪应力也与破坏面上的正应力有关，因而也可以称该类破坏为压-剪破坏。

③ 拉伸破坏，如图 4-14(d)所示。在轴向压应力作用下，试件横向产生拉应力，这是泊松效应的结果。拉伸破坏是横向拉应力超过岩石抗拉极限所导致的。

2. *岩石变形和强度指标及其计算*

对于岩石单轴压缩试验来说，当岩石的应力-应变关系曲线近似为直线时，其应力与应变的比值称为岩石的弹性模量，用 E 表示，计算公式见式(4-1)。

$$E=\frac{\sigma}{\varepsilon} \tag{4-1}$$

式中　σ——应力-应变关系曲线中直线段的纵向应力增量，MPa；

ε——应力-应变关系曲线中直线段的纵向应变增量。

岩石在单轴压缩过程中产生纵向变形的同时产生相应的横向变形，泊松比计算公式见式(4-2)。

$$\mu=\frac{\varepsilon_{2p}}{\varepsilon_{1p}} \tag{4-2}$$

式中　μ——岩石泊松比；

ε_{1p}——纵向应力-纵向应变曲线中对应直线段部分的应变的平均值；

ε_{2p}——纵向应力-横向应变曲线中对应直线段部分的应变的平均值。

当岩石的应力-应变关系曲线不近似呈直线时，岩石的变形特征可以用以下三种模量说明，具体计算方法参照图 4-15(b)。

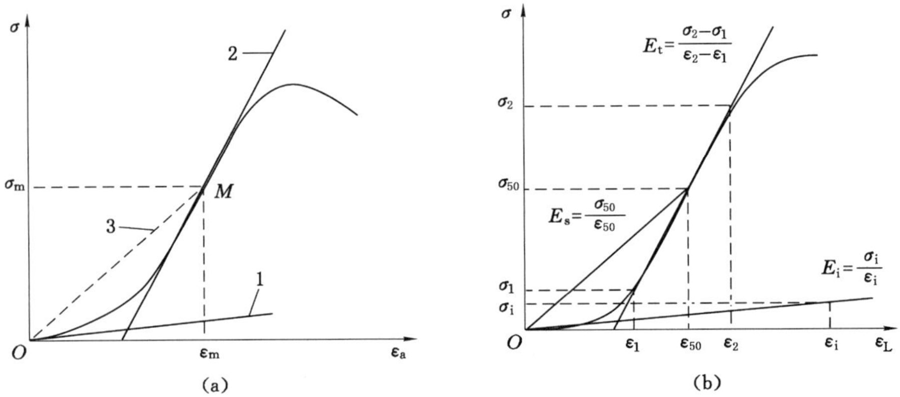

图 4-15　岩石的应力-应变关系曲线

① 初始模量：曲线原点处切线(直线 1)的斜率$E_i=\left.\frac{d\sigma}{d\varepsilon}\right|_{\varepsilon=0}$。

② 切线模量：曲线上任一点处切线(直线 2)的斜率$E_t=\left.\frac{d\sigma}{d\varepsilon}\right|_{\varepsilon=\varepsilon_m}$。

③ 割线模量：曲线上某点与原点连线(直线 3)的斜率$E_s=\frac{\sigma_m}{\varepsilon_m}$。

国际上通常把单轴抗压强度表示为 UCS，我国习惯将单轴抗压强度表示为σ_c。岩石在单轴压缩荷载作用下达到破坏前单轴抗压强度计算公式见式(4-3)。

$$\sigma_c=\frac{F_b}{A} \tag{4-3}$$

式中　σ_c——岩石单轴抗压强度；

F_b——岩石达到破坏时的最大轴向压力；

A——试件横截面面积。

3. 加载速率对岩石力学性质的影响

工程施工、构造挤压、冲击地压等荷载的加载速率通常会对工程实际中岩石的力学性质产生显著影响。例如，工作面及围岩应力分布和演化的规律通常会由于巷道掘进和煤炭开采作业的速率而受到影响，而实际的掘进速率、开采速率等加载速率是经常变化的。

科研工作者针对不同煤岩开展了大量研究并取得了一系列成果，如软岩(尤其是泥岩)具有非常明显的加载速率效应，主要表现在其变形、强度特性随加载速率的变化而显著变化，同时随着加载速率的增大，泥岩的破坏形式呈现脆性-延性-脆性转换规律。随着单轴压缩加载速率的增大，黏土岩呈现近似线性变化的趋势。某些岩石随着加载速率的增大峰值强度并非随之增大，如白云岩、石灰岩、花岗岩及玄武岩等，只有当加载速率处于特定的状态，即准静态加载状态时，这些岩石才会表现出明显的加载速率效应。石灰岩加载速率在 0.001～0.100 mm/s 范围内时，随着加载速率增大其破坏程度越来越严重。从能量角度研究加载速率对花岗岩脆性破坏的影响规律，对花岗岩进行了 4 种不同加载速率条件下的单轴压缩试验，发现花岗岩应力-应变关系曲线随时间的变化类似于应力松弛曲线和蠕变应变曲线。

大量研究表明：加载速率、加载方式均对岩石的力学性质有一定影响，应力-应变关系曲线会随着加载速率的改变而发生相应的变化，峰值强度呈现增大的趋势。加载速率效应主要采用岩石单轴压缩试验进行研究。

四、试验方法

(1) 对煤岩试件编号，分别为试件 1、试件 2、试件 3、试件 4；同时对各岩石试件颜色、颗粒、层理、裂隙、风化程度等进行描述。

(2) 使用游标卡尺测量各试件上、下表面横截面的直径(每个截面测量 2 次，交叉 90°)、高度(测量 1 次)，记录于表 4-2。

(3) 将纵向、横向电阻应变片粘贴在试件中部，尽量避开裂隙、节理等弱面；电阻应变仪接通电源，预热，连接测试导线，接线方式采用公共补偿半桥连接方式。

(4) 启动电脑，打开试验系统 SMART TEST，开启电子万能试验机。

(5) 安装试件。将试件 1 放置在电子万能试验机上压板圆心处，控制横梁上行使试件上表面逐渐接近上压板，试件上表面和上压板间需留有约 1 mm 的空隙。同时对应变片预调平衡。

(6) 在试验软件中选择“压缩试验”，在数据版中选择圆材，将数据输入数据版中。将位移、试验力和峰值力清零，选择 0.005 mm/min 加载速率进行加载。

记录相应荷载下的纵向、横向应变，均匀加载至试件完全破坏。

(7) 观察并拍摄试件在加载过程中的变形情况，描述试件破坏形态。记录试验数据，停止试验并打印试验曲线。

(8) 按照以上步骤(1)至(6)，分别对试件 2、3、4 进行加载速率为 0.05 mm/min、0.5 mm/min、3 mm/min 的单轴压缩试验。

五、试验报告要求

(1) 试验数据。

试验测量数据记录于表 4-2。

表 4-2　试验测量数据

试件	横截面Ⅰ直径/mm	横截面Ⅱ直径/mm	标距/mm
试件 1			
试件 2			
试件 3			
试件 4			

(2) 描述加载过程中煤岩试件的变形和破坏情况，以及加载速率的变化对试件变形和破坏的影响。

(3) 将 4 种加载速率的应力-应变关系曲线绘制于同一个图中，并标出各加载速率时的峰值强度及相应的应变值。

(4) 总结随着加载速率的增大该煤岩试件力学性能的变化规律。

第三节　劈裂法测定岩石抗拉强度

一、试验目的

(1) 了解岩石抗拉强度测定基本方法。

(2) 掌握劈裂法测定岩石抗拉强度的基本原理和试验方法。

(3) 观察试验过程及试件断裂外貌。

(4) 计算得出岩石试件的抗拉强度。

二、试验设备和试件

(1) CMT-5205 电子万能试验机、电脑、打印机、游标卡尺、钢丝垫条(用直径为 2.0～3.0 mm 的钢丝)。

(2) 直径为 50 mm、高度为 25～50 mm(高度为直径的 0.5～1.0 倍)的标准圆柱体。试件尺寸误差不宜超过 5%。对于非均质的粗粒结构岩石,或取样尺寸小于标准尺寸者,允许使用非标准试件,但高径比必须满足标准试件的要求。

三、试验原理

岩石在单轴拉伸荷载作用下达到破坏时所能承受的最大拉应力称为岩石的单轴抗拉强度,或简称抗拉强度。通常用 σ_t 表示抗拉强度,其值等于试件发生破坏时的最大拉伸荷载 P_t 除以试件的横截面面积 A,即

$$\sigma_t = \frac{P_t}{A} \tag{4-4}$$

岩石在拉伸荷载作用下的破坏通常是沿其横截面的断裂破坏,其抗拉强度的测定分为直接拉伸试验和间接拉伸试验两种。直接拉伸试验在准备试件方面要花费大量的人力、物力和时间,因此涌现出一些能够取而代之的间接拉伸试验方法,其中较为简洁的是劈裂试验法。劈裂试验法也称为径向压裂试验法,是由巴西人杭德罗斯(Hondros)提出的试验方法,故也被称为巴西试验法。这种试验方法是:一个实心圆柱形试件承受径向压缩线荷载直至破坏,如图 4-16 所示。

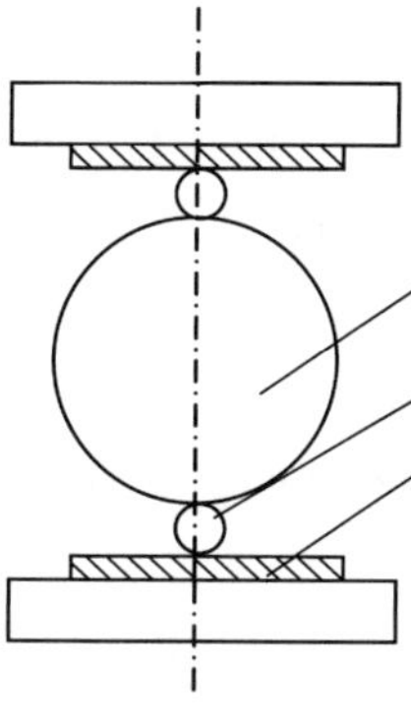

1—试件;2—钢丝;3—承压板。

图 4-16　劈裂法试验示意图

图 4-17 为试件在压应力作用下沿圆盘直径的应力分布图。在圆盘边缘处,沿 y-y' 方向(σ_y)和垂直 y-y' 方向(σ_x)均为压应力。而离开边缘后,沿 y-y' 方向仍为压应力,但应力值比边缘处显著减小,并趋于均匀化。垂直 y-y' 方向(σ_x)变成拉应力,并在沿 y-y' 方向很长一段距离上呈均匀分布状态。虽然拉应力值比压应力值低得多,但是由于岩石的抗拉强度很低,所以试件还是由于 x 轴方向的拉应力作用发生沿直径方向的劈裂破坏。破坏从直径中心开始,然后向两端

发展，反映了岩石的抗拉强度比抗压强度低得多的事实。

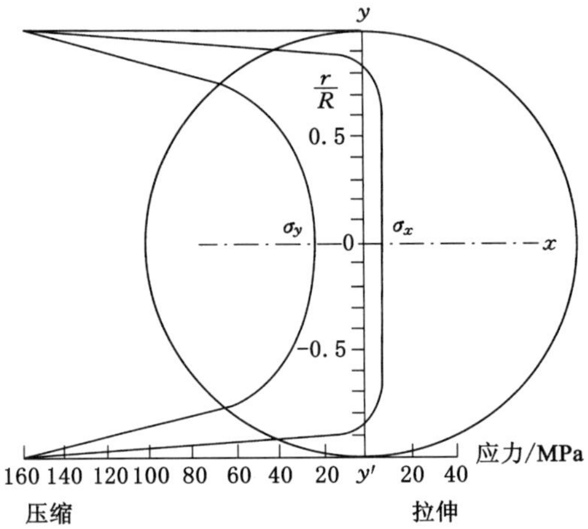

图 4-17　压应力作用下沿圆盘直径方向的应力分布图(单位:MPa)

根据布辛奈斯克(Boursinesq)半无限体上作用有集中力的解析解求得试件破坏时作用在试件中心的最大拉应力，见式(4-5)。

$$\sigma_t = \frac{2P}{\pi Dt} \tag{4-5}$$

式中　σ_t——试件中心的最大拉应力，即抗拉强度；

P——试件破坏时的极限压力；

D——岩石圆盘试件的直径；

t——岩石圆盘试件的厚度。

根据不同的试件几何形状按不同的公式计算。

如图 4-18(a)所示，

$$\sigma_t = \frac{2P}{\pi dL} \tag{4-6}$$

如图 4-18(b)所示，

$$\sigma_t = \frac{2P}{\pi aL} \tag{4-7}$$

四、试验步骤

(1) 描述试件外貌，如颜色、颗粒、层理、裂隙、风化程度等，使用游标卡尺测量试件几何尺寸。

(2) 启动电脑，打开试验软件 SMART TEST，开启电子万能试验机。

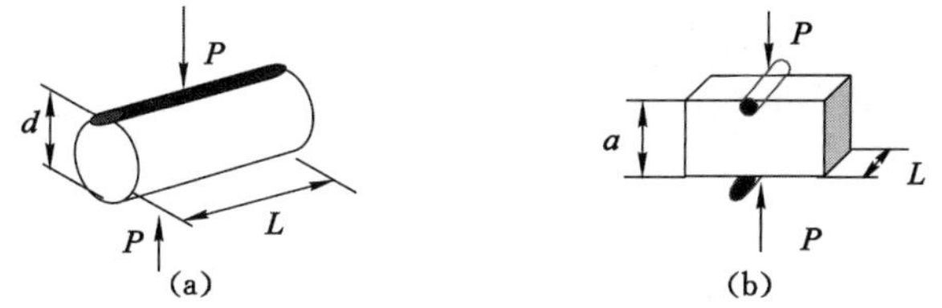

图 4-18　岩石试件几何尺寸示意图

(3) 安装试件。将试件 1 放置在电子万能试验机上压板圆心处，控制横梁上行使试件上表面逐渐接近上压板，试件上表面和上压板间需留有约 1 mm 空隙。

(4) 校对零点，加载测定其最大荷载。

(5) 取下试件，描绘断口并拍摄断裂外貌。

(6) 根据试件几何形状计算σ_t，按要求写出试验报告。

五、试验报告要求

(1) 简述试验目的和基本原理(要求图示劈裂法试验方法)。

(2) 简述试验步骤。

(3) 整理试验数据：试件名称、形状、尺寸、最大荷载等，试验曲线，断裂外貌。

(4) 计算试件抗拉强度。

第四节　金属材料缺口试件静拉伸试验

一、试验目的

(1) 了解金属材料缺口试件的"缺口效应"。

(2) 对比静拉伸条件下低碳钢标准试件与缺口试件的力学性能。

(3) 测定并分析静拉伸条件下低碳钢缺口试件的缺口敏感性。

二、试验设备及材料

(1) 试验设备：CMT-5205 电子万能材料试验机、游标卡尺、计算机、测量显微镜。

(2) 试验材料：低碳钢拉伸标准试件(图 4-19)，低碳钢缺口拉伸试件(图 4-20)。

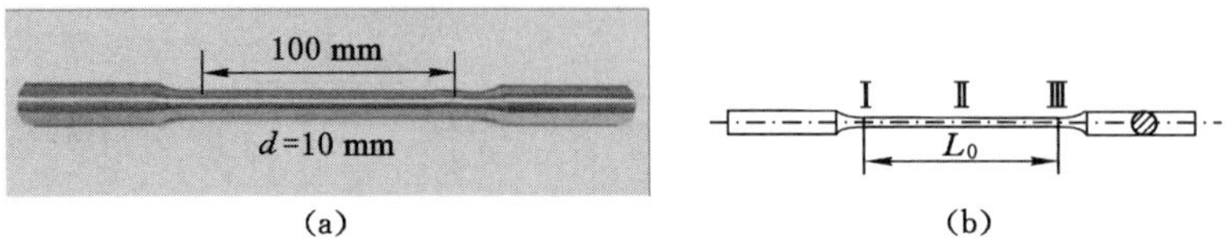

图 4-19　低碳钢拉伸标准试件

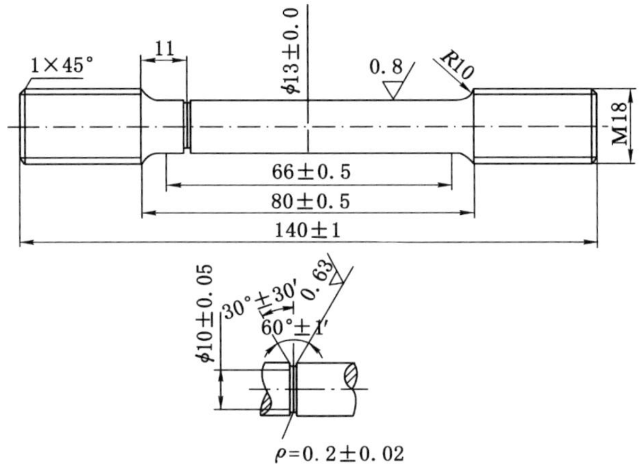

图 4-20　低碳钢缺口拉伸试件(单位:mm)

三、试验原理

横截面均匀的光滑试件存在缺口,在静拉伸作用下,缺口横截面上的应力状态发生改变,这就是“缺口效应”。“缺口效应”包括两个方面:① 对于脆性材料,缺口会引起应力集中并改变缺口前方的应力状态,由单向应力状态变为两向或三向应力状态,使得存在缺口的脆性材料由于应力状态的改变和应力集中的出现,其抗拉强度相对光滑试件较低;② 对于塑性材料,若根部产生塑性变形,应力将重新分布,并随着荷载的增大,塑性区逐渐扩大,直至整个截面。随着塑性变形逐渐向试件内部转移,各应力峰值越来越大,试件中心区的应力最大。同样由于三向应力和应力集中的存在,约束了材料内部的塑性变形,具有缺口的塑性材料的屈服应力比光滑试件单向拉伸时的屈服应力要高,因此出现“缺口强化”。也就是说,缺口的存在使塑性材料的强度提高,塑性降低。根据以上两个方面可以得出结论:缺口使材料有产生脆变的倾向,对缺口试件进行静拉伸试验可以评定其脆变倾向。

1. 试件缺口顶端的应力、应变分析

缺口试件如图 4-21 所示，图 4-22 为缺口横截面应力分布情况。

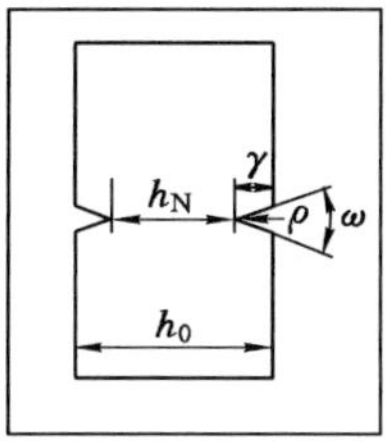

h_N—缺口内宽度；h_0—缺口外宽度；

ρ—顶端曲率半径；ω—张角；γ—深度。

图 4-21　缺口试件

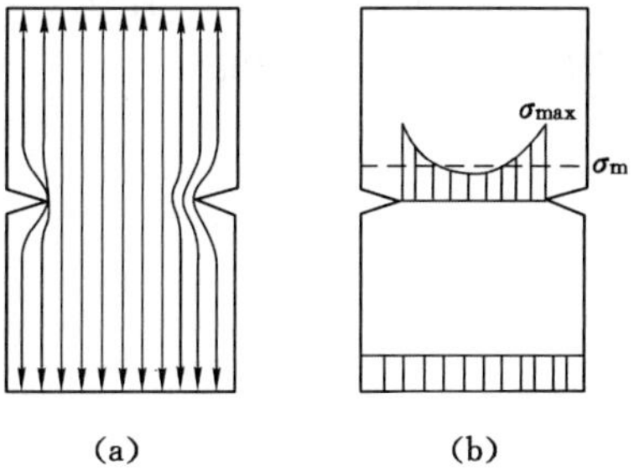

图 4-22　缺口横截面应力分布情况

在拉应力 σ 作用下，由于缺口部分不能承受外力，缺口部分应承担的外力传递给缺口前方的材料，产生了应力集中现象。如图 4-22 所示，在缺口横截面附近，由于截面面积减小，应力线密集，应力增大，在缺口顶端应力值达到最大，离开缺口顶端向内应力逐渐减小；远离缺口处应力线趋于均匀分布，横截面上的应力也趋于均匀分布。

应力集中的程度用理论应力集中系数 K 表示：

$$K=\frac{\sigma_{max}}{\sigma_m} \tag{4-8}$$

式中　σ_{max}——集中应力；

σ_m——名义应力。

试件缺口更重要的作用是在缺口根部产生三向应力，对材料的屈服和塑性变形起到约束作用。

缺口试件受 y 轴方向拉力作用后，当 $\sigma_y<\sigma_s$ 时，弹性变形应力分布如图 4-23 所示，由于纵向伸长，横向（板宽方向）相应收缩。在缺口附近的不同距离处，取若干同样大小的微单元，离缺口最近的微单元所受的σ_y最大，产生的纵向伸长也最大，相应的横向收缩也应最大，与其相邻的微单元所受的σ_y减小，其横向收缩也较小。即这些微单元在 x 轴方向的收缩量各不相等。各微单元的横向收缩，使相邻微单元间产生分离趋势。但是实际上，材料的变形是连续的，各微单元相互连接在一个整体内，不能自由收缩，即受到约束，也就是在 x 轴方向必定存在拉应力σ_x。在缺口自由表面，因不存在对 x 轴方向的约束，可以自由收缩，故 $\sigma_x=0$。在离缺口不远处，σ_x有一极大值，这是因为在缺口附近 σ_y的应力

梯度很大，相应的微单元间的横向收缩差也大，所以在很小的 x 轴方向距离内，σ_x升高到最大值，随着距离 x 的增大，σ_y变化逐渐平缓，各单元间横向收缩差也减小，σ_x逐渐减小。于是带有缺口的薄板试件在弹性变形阶段的应力分布为双向应力：σ_x（不等于 0）和σ_y。

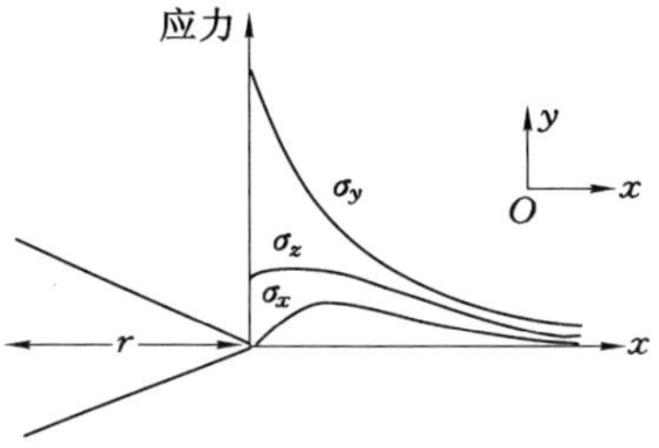

图 4-23　缺口根部应力状态

当试件为薄板缺口试件时，由于板材较薄，在厚度方向（z 轴方向）可以自由变形，即 z 轴方向的变形不受限制，因此 $\sigma_z=0$，这种只在两个方向上存在应力的状态称为平面应力状态。在平面应力状态下，如果缺口顶端的应力超过材料的屈服强度，该材料局部将发生塑性变形。

按照第三强度理论，缺口顶端的 3 个主应力为：

$$\begin{cases}\sigma_1=\sigma_y\\ \sigma_2=\sigma_x\\ \sigma_3=0\end{cases}$$

屈服判据为$\sigma_y\geqslant\sigma_s$，$\sigma_s$ 为材料单向拉伸时的屈服强度。

缺口顶端的塑性变形将导致塑性区的应力松弛，不考虑加工硬化，塑性区内的应力与σ_s相等，而塑性区外侧为弹性变形区，其应力分布规律仍与图 4-24 相同。

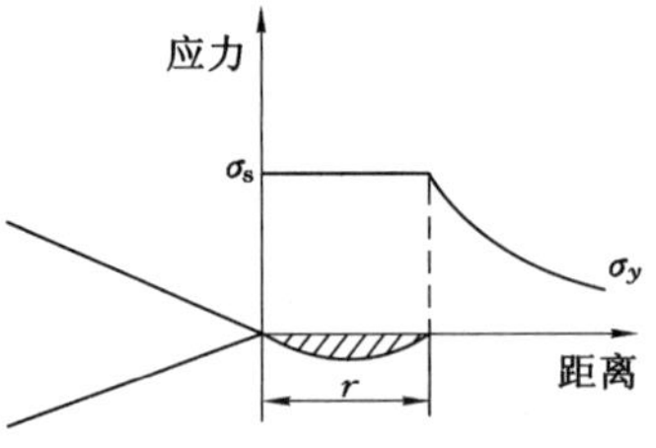

图 4-24　薄板时平面应力状态塑性区应力分布

当板厚较大时，塑性区应力分布如图 4-25 所示。

缺口顶端的变形除受 x 轴方向约束外，还受到板厚度方向（z 轴方向）的约束。在试样前、后表面，z 轴方向无约束，为平面应力状态。但是在缺口截面内

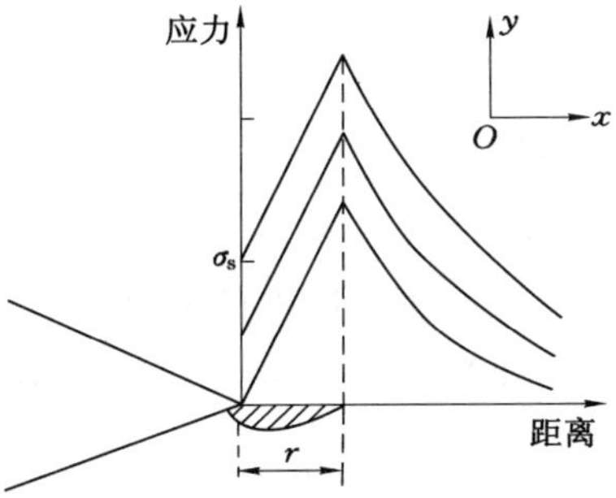

图 4-25　平面应变状态塑性区应力分布

部存在 z 轴方向的约束，使$\sigma_y \neq 0$，$\sigma_x \neq 0$，$\sigma_z \neq 0$，成为三向应力状态。缺口截面上，由表面向内部，应力状态是变化的，由平面应力状态过渡为三向应力状态，这种过渡只发生在表面层。σ_z是 z 轴方向变形约束产生的。越往试件内部，变形约束越大，σ_z越大。这种约束作用的极限情况是使 z 轴方向无应变，即 $\varepsilon_z = 0$。这种状态称为平面应变状态，变形只发生在 x-y 平面内，板厚方向变形为 0。另外，在缺口顶端的表面处 $\sigma_x = 0$，根据胡克定律有：

$$\varepsilon_z = \frac{1}{E}[\sigma_z - \mu(\sigma_x + \sigma_y)] = 0 \tag{4-9}$$

故有：

$$\sigma_z = \mu(\sigma_x + \sigma_y) \tag{4-10}$$

所以在平面应变条件下，缺口顶端 σ_z 介于σ_y与σ_x之间，离缺口越远，σ_z逐渐减小。

综上所述，当板厚较大时，缺口试件在弹性变形阶段的应力分布特点为：表面为平面应力状态，试件内部为三向应力状态。由表面向芯部存在由平面应力向三向应力的过渡，板厚方向的变形完全受到限制时达到平面应变状态。

根据第三强度理论，屈服判据可写为：

$$\frac{1}{2}(\sigma_y - \sigma_x) \geqslant \tau_s = \frac{1}{2}\sigma_s \tag{4-11}$$

$$\sigma_y = \sigma_s + \sigma_x \tag{4-12}$$

在缺口顶端表面$\sigma_x = 0$，则屈服条件为$\sigma_y = \sigma_s$。

由缺口顶端向内，随着 x 的增大，σ_x 增大，σ_y增大，这表明在缺口顶端塑性区内，应力水平高于σ_s，如图 4-25 所示，在弹-塑性区的边界处应力值最大。塑性区外侧弹性区的应力分布规律与图 4-24 所示相同。

上述表明：对于塑性材料，缺口试件的屈服从缺口根部开始，随着荷载的增大，塑性变形向内传播，塑性区扩大，直至整个缺口截面全部进入塑性状态。由于塑性区的应力水平高于材料屈服强度，缺口试件的屈服强度高于光滑试件屈服强度，这种屈服强度的提高完全是在缺口诱发的三向应力状态下变形受到约束的结果，因此称为缺口强化。

2. 圆柱缺口试件的断裂过程

根据材料的力学性能将圆柱缺口试件的断裂过程分为以下三种类型，各类型缺口试件的应力分布情况和断裂情况如图 4-26 所示。

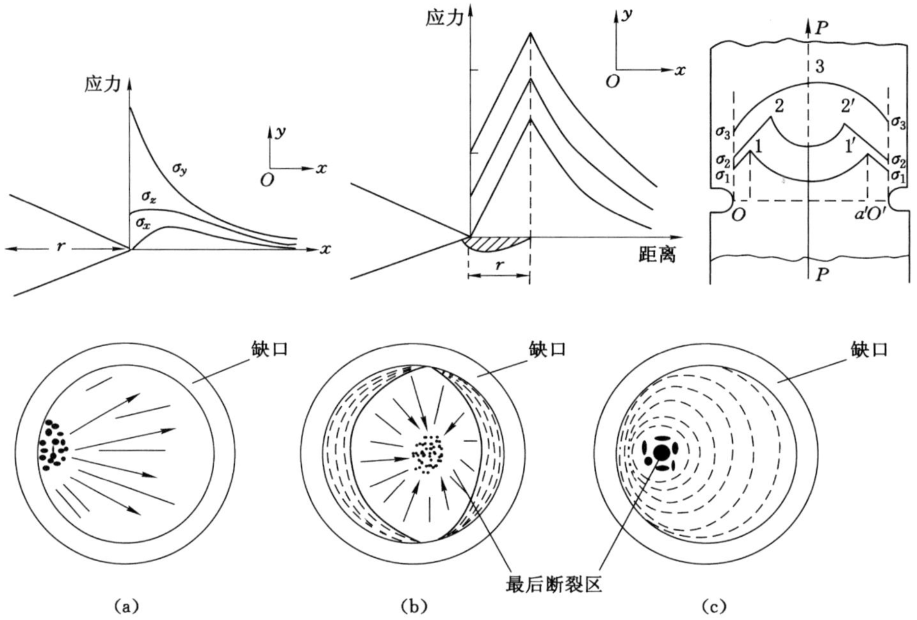

图 4-26　平面应变状态塑性区应力分布

(1) 脆性材料缺口试件的断裂过程

如图 4-26(a)所示，最大应力位于缺口面上，裂纹在缺口一侧产生，并产生应力集中，裂纹快速通过缺口向另一侧扩展。

(2) 中等塑性材料缺口试件的断裂过程

如图 4-26(b)所示，最大应力位于缺口面内一定范围内，且此位置与缺口面之间的材料均发生了塑性变形；裂纹在该最大应力处产生，并向外侧缺口面处扩展(以微孔聚集方式向外侧扩展)，同时向内快速扩展，形成最后断裂区。此时缺口强度可能高于光滑试件的抗拉强度，也可能低于光滑试件的抗拉强度(取决于材料的塑性)。

(3) 良好塑性材料缺口试件的断裂过程

如图 4-26(c)所示,材料从缺口面开始向内发生完全屈服,应力最大点位于缺口中心,然后以微孔生成、聚集的方式向内扩展,最终形成杯锥状断口,缺口顶端的三向应力状态引起抗拉强度增大。该种情况缺口对断裂的影响不大。

缺口静拉伸试验广泛用于研究高强度钢(淬火低中温回火)的力学性能、钢和钛的氢脆,以及用于研究高温合金的缺口敏感性等。用缺口试件的抗拉强度σ_{bn}与均匀截面尺寸光滑试件的抗拉强度σ_b的比值作为材料的敏感性指标,称为缺口敏感度,用q_e或 NSR 表示。

缺口试件抗拉强度计算公式为:

$$\sigma_{bn} = \frac{P_N}{A_N} \tag{4-13}$$

式中 P_N——缺口试件断裂时的荷载;

A_N——缺口面积。

缺口敏感度计算公式为:

$$q_e = \frac{\sigma_{bn}}{\sigma_b} \tag{4-14}$$

该值越大,材料的缺口敏感性越小。

四、试验步骤

(1) 低碳钢试件数据的测量。在光滑试件与缺口试件相对应的位置标记Ⅰ、Ⅱ、Ⅲ横截面,Ⅰ和Ⅲ横截面间距离为试件标距 100 mm,使用游标卡尺测定各横截面 2 次(交叉 90°进行)、标距 1 次。缺口试件还需要对缺口内宽度、缺口外宽度、顶端曲率半径、张角、深度分别进行测量,将测量好的数据填入表 4-3。

(2) 将电脑开机后打开试验软件 SMART TEST,之后依次启动电子万能试验机、液压动力箱,将试件安装在试验机夹头内。

(3) 安装好试件后在试验软件 SMART TEST 中选择“金属材料室温拉伸试验方法”,输入相关数据后进行轴向拉伸试验直至试件断裂。

(4) 测量断裂后各试件标距 1 次、颈缩处横截面直径 2 次(交叉 90°进行),填入表 4-3。

表 4-3

试件	横截面Ⅰ直径/mm	横截面Ⅱ直径/mm	横截面Ⅲ直径/mm	标距/mm	缺口内宽度/mm	缺口外宽度/mm	顶端曲率半径/mm	张角/(°)	深度/mm
光滑试件									
缺口试件									

(5) 拍摄试件断裂外貌。

(6) 将相关数据输入试验软件并打印试验曲线。

五、试验报告要求

(1) 记录基础数据。

(2) 简要叙述试验原理。

(3) 绘制光滑试件及缺口试件断裂外貌，并分析二者的区别。

(4) 根据试验结果计算 NSR，并讨论该值对缺口试件敏感性的影响。

(5) 讨论缺口试件强度极限为什么大于光滑标准试件的强度极限?

第五节　低碳钢真实应力-应变关系曲线拉伸试验

一、试验目的

(1) 理解真实应力-应变关系曲线的意义。

(2) 修正真实应力-应变关系曲线。

(3) 计算硬化常数 B 和硬化指数 n，列出指数函数关系式 $S=Be^n$。

二、试验设备及试件

(1) CMT-5205 电子万能试验机、电脑、打印机、游标卡尺。

(2) 拉伸试件如图 4-27 所示。

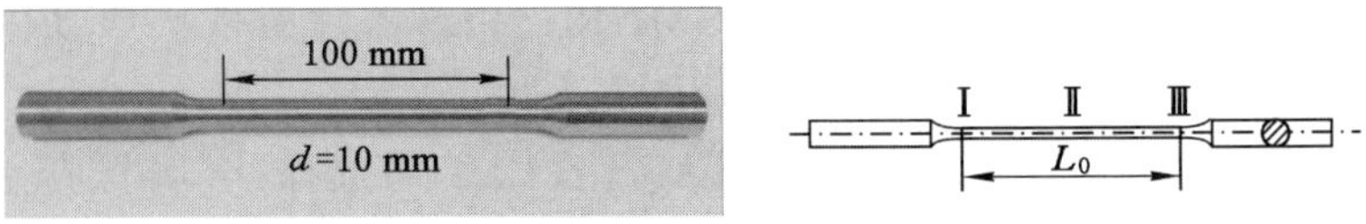

(a)　　(b)

图 4-27　低碳钢拉伸试件

三、基本原理

(1) 绘制真实应力-应变关系曲线

对低碳钢试件进行拉伸试验得到拉伸力-变形量关系曲线，如图 4-28 所示。纵坐标表示试件荷载，横坐标表示试件标距的伸长量。经过转化，可以得到拉伸时的条件应力-应变关系曲线，如图 4-29 所示。

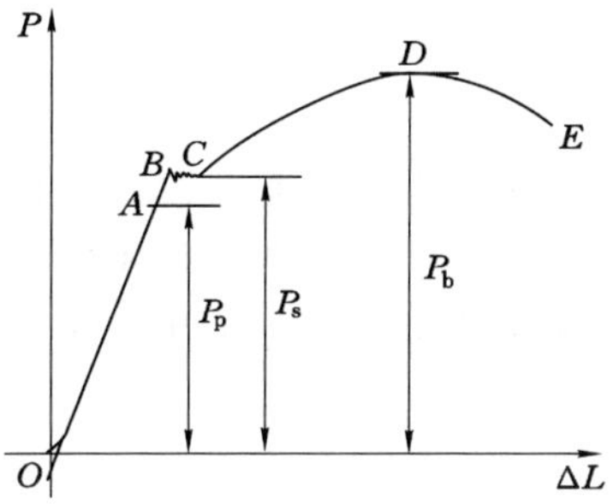

图 4-28　低碳钢拉伸力-变形量关系曲线

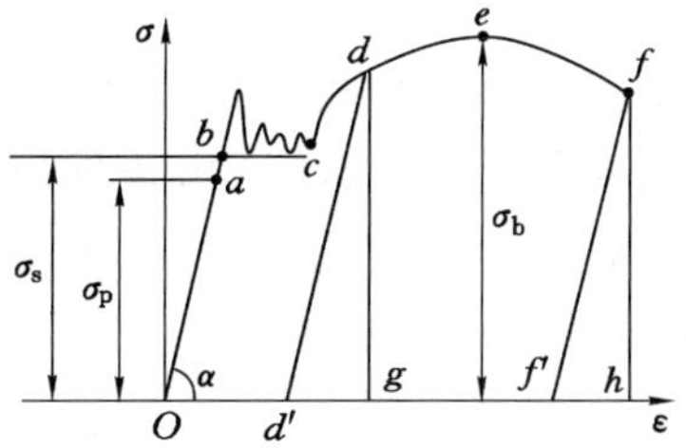

图 4-29　低碳钢条件应力-应变关系曲线

在低碳钢条件应力-应变关系曲线中得到的条件应力是用荷载除以试件拉伸前的横截面面积，而在拉伸变形过程中，试件的截面尺寸不断变化，因此条件应力-应变关系曲线不能真实反映瞬时应力和应变的关系，需要绘制真实应力-应变关系曲线。

在拉伸试验中，条件应力用 σ 表示，条件应变（工程应变）用 ε 表示，分别按式(4-15)和式(4-16)计算。

$$\sigma=\frac{F}{A_0} \tag{4-15}$$

式中　σ——条件应力；

F——施加在试件上的荷载；

A_0——试件拉伸前的横截面面积。

$$\varepsilon=\frac{l-l_0}{l_0}=\frac{\Delta l}{l_0} \tag{4-16}$$

式中　ε——工程应变；

l——试件拉伸后的长度；

l_0——试件拉伸前的长度。

真实应力用 S 表示，真实应变用 e 表示，分别按式(4-17)和式(4-18)计算。

$$S=\frac{F}{A}=\frac{F}{A_0}(1+\varepsilon)=\sigma(1+\varepsilon) \tag{4-17}$$

式中　S——真实应力；

F——施加在试件上的荷载；

A_0——试件拉伸前的横截面面积；

σ——条件应力；

ε——工程应变。

$$e=\ln(1+\varepsilon) \tag{4-18}$$

式中 e——真实应变；

ε——工程应变。

由式(4-15)和式(4-16)可知：只要测出施加在试件上的荷载以及拉伸前的横截面面积，就可以计算出条件应力和工程应变；根据式(4-17)和式(4-18)则可以计算出真实应力和真实应变。测得几组不同的数据，就可以绘制真实应力-应变关系曲线。

2. 修正真实应力-应变关系曲线

在拉伸试验中，当产生缩颈后，颈部应力状态由单向变为三向拉应力状态，产生形状硬化，使应力发生变化。为此，必须修正真实应力-应变关系曲线。

修正公式如下：

$$S''_{k}=\frac{S'_{k}}{\left(1+\frac{2R}{a}\right)\ln\left(1+\frac{a}{2R}\right)} \tag{4-19}$$

式中 S''_{k}——缩颈处修正的真实应力；

S'_{k}——缩颈处没有修正的真实应力；

a——缩颈处半径；

R——缩颈处试件外形的曲率半径。

试验中只要测出缩颈处直径和缩颈处试件外形的曲率半径，代入式(4-19)，即可求出缩颈处修正后的真实应力。

3. 计算硬化常数 B 和硬化指数 n

假设真实应力-应变关系曲线可近似用指数函数关系式(4-20)来表示。

$$S=Be^{n} \tag{4-20}$$

式中 S——真实应力；

B——硬化常数；

n——硬化指数。

在真实应力-应变关系曲线中，任取两点，其函数关系式如下：

$$\begin{cases}S_1=B\,e_1^n\\S_2=B\,e_2^n\end{cases}$$

等式两端取对数得：

$$\begin{cases}\ln S_1=\ln B+n\ln e_1\\\ln S_2=\ln B+n\ln e_2\end{cases}$$

整理得：

$$\ln\frac{S_1}{S_2}=n\ln\frac{e_1}{e_2}$$

$$n=\frac{\ln\left(\frac{S_1}{S_2}\right)}{\ln\left(\frac{e_1}{e_2}\right)} \tag{4-21}$$

将真实应力和真实应变的数值代入式(4-21)，即可求出硬化指数 n。

将硬化指数 n 代入式(4-20)，即可求出硬化常数 B。从而可以写出指数函数表达式。

4. 验证缩颈开始条件

(1) 当应变强化速率与真实应力相等时开始发生缩颈。计算出缩颈时的真实应力与应变强化速率，比较二者是否相等。

最大荷载点处：

$$\frac{\mathrm{d}S}{\mathrm{d}e}=S$$

(2) 缩颈开始时真实应变与加工硬化指数相等。计算出缩颈时的真实应变与加工硬化指数，比较二者是否相等。

最大荷载点处：$n=e$。

四、试验方法和步骤

(1) 采用低碳钢试件，拉伸前在试件上打好标距，并测出其直径。

(2) 将试件放在试验机上进行拉伸，直至断裂，记录屈服荷载、最大拉伸荷载以及断裂荷载。

(3) 从试验机上卸下试件，测量拉伸后试件的总长度、试件拉伸后的直径、缩颈断裂处的半径、缩颈部分圆弧对应弦长度。

(4) 计算屈服时刻、最大荷载时刻以及断裂时刻对应的条件应力、工程应变、真实应力和真实应变，并绘制没有经过修正的真实应力-应变关系曲线。

(5) 计算缩颈处试件外形的曲率半径，根据式(4-19)计算断裂处的真实应力，修正真实应力-应变关系曲线。

(6) 在真实应力-应变关系曲线中任取两点，计算其真实应力和真实应变，根据式(4-20)和式(4-21)计算硬化常数和硬化指数，并写出指数函数表达式。

五、试验报告要求

(1) 列出试验数据，记录于表 4-4。

表 4-4　拉伸前后试验数据

名称	拉伸前长度/mm	拉伸前直径/mm	拉伸后直径/mm
数据			
名称	屈服荷载/kN	最大拉伸荷载/kN	断裂荷载/kN
数据			
名称	屈服点伸长量/mm	最大荷载点伸长量/mm	断裂点伸长量/mm
数据			
名称	缩颈断裂处半径/mm	缩颈部分圆弧对应弦长度/mm	
数据			

(2) 分别绘制没有修正以及经过修正的真实应力-应变关系曲线。

(3) 计算硬化常数和硬化指数，并写出指数函数表达式。

(4) 尝试使用试验所得数据计算，以验证缩颈开始条件。

第六节　煤岩单轴压缩分级循环加载试验

一、试验目的

(1) 掌握岩石单轴压缩循环荷载试验原理。

(2) 熟练使用电子万能试验机程控功能编写试验程序。

(3) 通过对煤岩试件进行单轴压缩条件下的循环荷载试验，观察试验过程中变形和破坏的过程。

(4) 总结得出单轴压缩循环荷载作用下的煤岩变形与破坏力学特征。

二、试验设备及试件

(1) CMT-5205 电子万能试验机、电脑、打印机、游标卡尺。

(2) 煤岩圆柱体试件(直径 50 mm，高 100 mm；层理方向水平)，也可以采用立方体试件，尺寸为 50 mm×50 mm×50 mm。

三、试验原理

在深部采矿工程中，常遇到循环加卸载情况，该条件下的岩石稳定性问题一直是学术界和工程界广泛关注的热点。由于岩石性质不同，其在反复加卸载(循环荷载)条件下的变形特征也有所不同。

1. 线弹性、完全弹性岩石在循环加卸载条件下的变形与破坏特征

如图 4-30(a)所示线弹性岩石加载、卸载时的应力-应变关系曲线,加载路径与卸载路径完全重合,反复加载、卸载时,其应力-应变路径是相同的,都沿同一直线往返。对于完全弹性的岩石,加载路径与卸载路径也完全重合,但应力-应变关系是非线性的,反复加载、卸载时,其应力-应变路径仍沿此曲线。对于弹性岩石,虽然加载曲线与卸载曲线不重合,但是反复加载与卸载时,应力-应变关系曲线总是服从此规律。

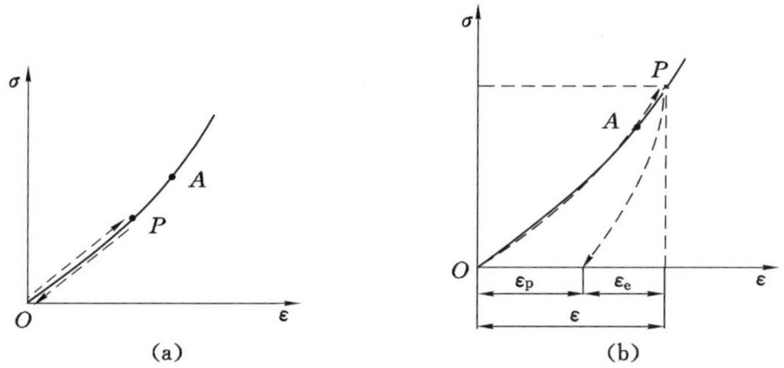

图 4-30　加载、卸载时的应力-应变关系曲线

2. 非弹性岩石在循环加、卸载条件下的变形与破坏特征

对于非弹性岩石,例如弹塑性岩石,如图 4-30(b)所示,如果卸载点 P 超过屈服点,则卸载曲线不与加载曲线重合,偏离原加载曲线,也不再回到原点,除弹性变形外,还出现了塑性变形,并且形成塑性滞回环。一般情况下,卸载曲线的平均斜率与加载曲线直线段的斜率相等,或者与原切线斜率相等。

在多次反复加载与卸载条件下,当每次施加的最大荷载都相等时,每次加载、卸载曲线都形成一个塑性滞回环,这些塑性滞回环随着加、卸载次数增加越来越窄,彼此越来越接近,岩石越来越接近弹性变形,一直到某次循环没有塑性变形为止,如图 4-31 所示。当循环应力峰值小于某一数值时,循环次数即使很多也不会导致试件破坏;而超过这一数值时,岩石将在某次循环中发生破坏(疲劳破坏),这一数值称为临界应力。

当每次施加的最大荷载都比前一次循环的最大荷载大时,随着循环次数的增加,塑性滞回环的面积也有所增大,卸载曲线的斜率(岩石弹性模量)也逐次略有增大,表明卸载应力下岩石材料的弹性有所增强,这个现象称为强化;并且每次卸载后再加载,荷载超过上一次循环的最大荷载以后,变形曲线仍沿着原来的

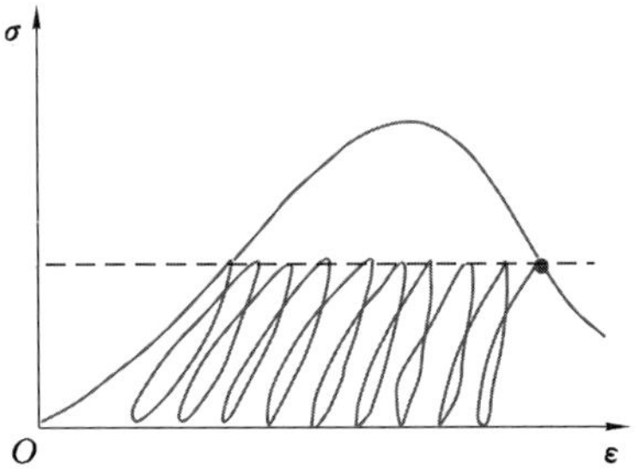

图 4-31　反复加载条件下的应力-应变关系曲线

单调加载曲线上升，应力-应变关系曲线的外包线与连续加载下的曲线基本一致，好像不曾受到反复加载的影响，这种现象称为岩石的记忆性，如图 4-32 所示。

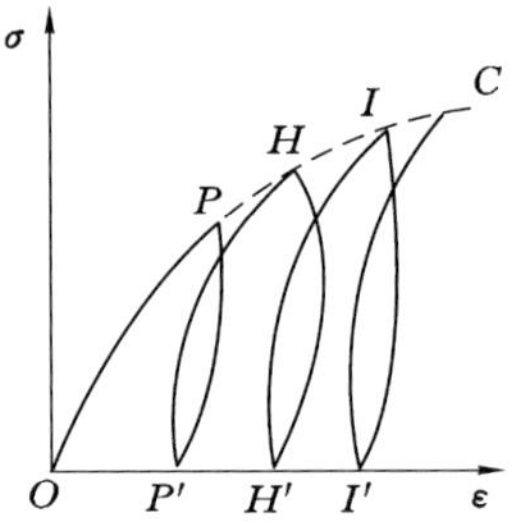

图 4-32　逐级加载条件下的应力-应变关系曲线

3. 煤岩单轴压缩循环荷载作用下的变形与破坏特征

研究循环荷载作用下岩石的变形特性及其演化规律，有助于正确认识煤岩的破坏机理，进而科学地评价煤岩体的长期稳定性。

总体来说，煤岩材料在循环加卸载条件下，试样达到峰值强度前，试样的变形是逐渐且缓慢的，达到峰值强度后试件破裂，承载能力下降，但是并没有降到0，仍然具有一定的强度，并且循环荷载作用下煤岩材料破坏时的应力往往低于其静力强度。

对煤岩多级加载、卸载试验已有研究成果作简要说明，该煤岩多级加载、卸载的应力-应变关系曲线如图 4-33 所示。

当加载应力水平较低时，应力-应变关系曲线之间围成的滞回环面积较小，随着应力水平的提高和循环次数的增加，滞回环面积逐渐增大，间接说明煤岩的损伤程度逐渐增大。当应力水平提高至应力幅值为峰值强度的 80%时，随着循环次数的增加，煤岩试件失稳破坏，表明在循环荷载作用下煤岩试件的力学强度

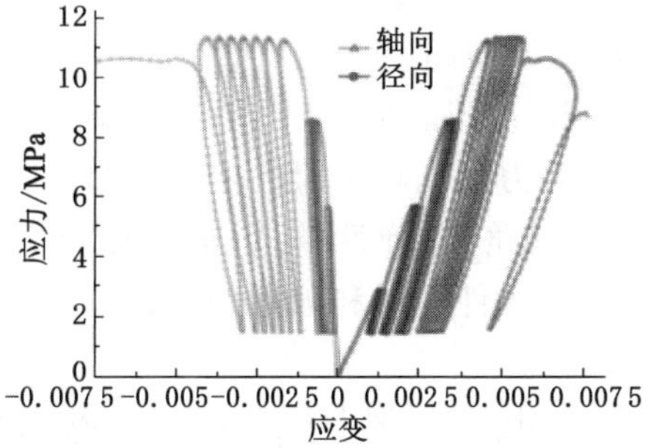

图 4-33　逐级加载条件下的应力-应变关系曲线

较常规单调加载时降低。该现象的原因是煤岩材料在循环荷载作用下煤岩试件内部发生疲劳损伤，随着加卸载次数的增加，煤岩试件内部产生的累积损伤越来越大，从而导致其力学强度降低。

四、试验步骤

（1）对煤岩试件颜色、颗粒、层理、裂隙、风化程度等进行描述；使用游标卡尺按次序测定各试件上、下表面横截面的直径（每个横截面测量 2 次，交叉 90°测值）、高度（测量 1 次），记录数据。

（2）将纵向、横向电阻应变片粘贴在试件中部，尽量避开裂隙、节理等弱面；电阻应变仪接通电源，预热，连接测试导线，接线方式采用公共补偿半桥连接方式。

（3）启动电脑，打开试验软件 SMART TEST，开启电子万能材料试验机。

（4）安装试件。将试件放置在电子万能试验机下压板圆心处，调整横梁上行使试件上表面逐渐接近上压板，试件上表面和上压板间需留有约 1 mm 空隙。同时对应变片预调平衡。

（5）使用试验软件“程控”功能编写“煤岩分级循环加载”试验程序（试验速度恒定、卸载水平恒定），程序中循环加载次数不少于 20 次，检查无误后，命名并保存程序。

（6）观察并拍摄试件在加载过程中的变形和破坏情况，描述试件破坏类型。记录试验数据，停止试验并打印试验曲线。

五、试验报告要求

（1）试验基础数据整理。

（2）整理“煤岩分级循环加载”试验程序。

(3) 描述试验过程中煤岩试件的变形与破坏特征、破坏类型。

(4) 观察分析循环的加卸载路径变化规律。

(5) 在试验曲线中标出分级循环荷载作用下该煤岩试件的峰值强度及相应应变值，计算其抗压强度、应力达到峰值时的变形模量。

(6) 从加载情况、加卸载路径、弹性模量、泊松比等方面总结单轴压缩条件下逐级循环加载过程中煤岩试件变形和破坏的特征。

第七节　低碳钢扭转应变效应试验

一、试验目的

(1) 掌握低碳钢材料扭转真实应力-应变关系曲线的转换方法。

(2) 理解低碳钢材料扭转破坏机制。

(3) 对比分析低碳钢扭转与拉伸破坏过程的应变效应。

二、试验设备

NJ-50 扭转试验机、游标卡尺、低碳钢圆轴扭转试件。

三、基本原理

1. 低碳钢扭转时的力学性能

低碳钢圆轴扭转试件加载时，在横截面上无正应力作用，只有切应力，即处于纯剪切应力状态，在与杆轴成±45°的螺旋面上，分别受到主应力$\sigma_1=\tau$和$\sigma_3=-\tau$的作用，如图 4-34 所示。

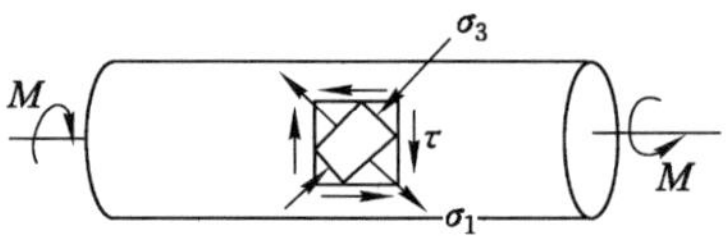

图 4-34　低碳钢纯剪切应力状态

低碳钢扭转试件在扭转变形过程中，试验软件自动记录数据并绘制 M-φ 关系曲线，如图 4-35 所示。

在弹性变形阶段，即在 OA 段内，M 与 φ 成正比，横截面上各点切应力与半径方向垂直且大小与该点距圆心距离成正比，圆心处切应力为 0，试件表面切应力达到最大值，图 4-35 中 A 点所对应的应力即弹性变形阶段试件表面达到的

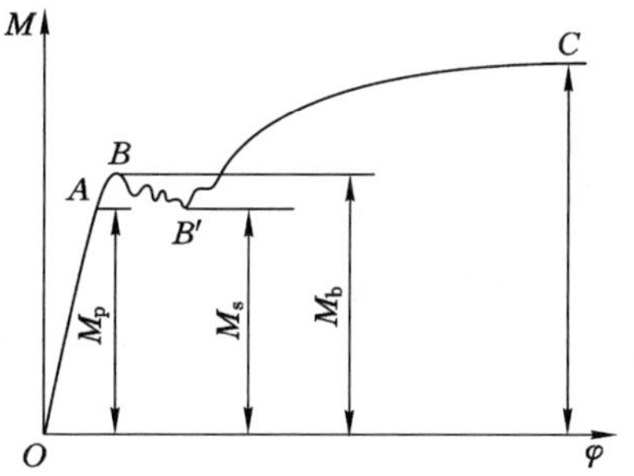

图 4-35　低碳钢扭转时的 M-φ 关系曲线

最大切应力，也就是扭转屈服应力τ_s，此时测得的扭矩为M_p，如图 4-36(a)所示。

经过 A 点后，即扭矩大于M_p后，横截面上的剪应力的分布不再是线性的，在圆轴的外部，材料屈服形成环状塑性区，如图 4-36(b)所示，随着试件继续扭转变形，塑性区不断向圆心扩展，M-φ 关系曲线稍微上升，直至 B 点趋于平坦，扭矩的显示数值几乎不变或上下波动，此时塑性区几乎占据了全部截面，横截面周边各点的切应力仍未超过扭转屈服应力，此时的切应力分布如图 4-36(c)所示，对应的屈服扭矩为M_s。屈服切应力τ_s近似为：

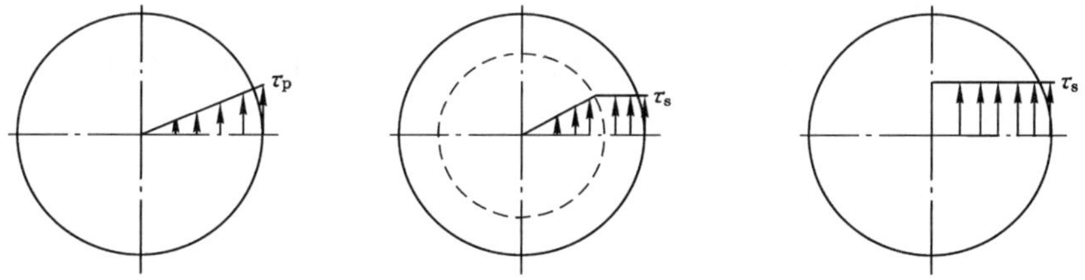

(a) $\tau<\tau_p$时的剪应力分布　(b) $\tau_s>\tau>\tau_p$时的剪应力分布　(c) $\tau=\tau_s$ 时的剪应力分布

图 4-36　低碳钢圆轴扭转时各阶段的剪应力分布图

$$\tau_s=\frac{3}{4}\frac{M_s}{W_p} \tag{4-22}$$

式中　τ_s——圆轴扭转时的屈服应力；

M_s——圆轴扭转时的屈服扭矩；

W_p——圆轴扭转时的抗扭截面系数。

$$W_P=\frac{\pi d^3}{16} \tag{4-23}$$

式中　d——圆轴横截面直径，mm。

试件继续受扭变形，材料进一步强化，当扭矩值到达 C 点时，试件断裂。强度极限为：

$$\tau_b = \frac{3}{4}\frac{M_b}{W_p} \tag{4-24}$$

式中 τ_b——圆轴扭转时的极限应力；

M_s——圆轴扭转时的屈服扭矩；

W_p——圆轴扭转时的抗扭截面系数。

由于 A 点位置不易精确确定，B 点位置较为明显，因此，一般根据 B 点测定值求得扭转切应力τ_s。

2. 扭转试验获得的真实应力-应变关系曲线

根据纳代的分析，首先假定扭转变形过程中试件遵从“平面假设”且横截面形状尺寸始终保持不变以及试件轴向无伸缩，则试件表面最大剪应力和最大剪应变可用式(4-25)和式(4-26)计算。

$$\gamma = r\theta' \tag{4-25}$$

$$\tau_a = \frac{1}{2\pi a^3}\left(\theta'\frac{\mathrm{d}M_T}{\mathrm{d}\theta'} + 3M_T\right) \tag{4-26}$$

式中 θ'——试件单位长度的扭转角；

A——圆棒试件半径；

M_T——扭矩。

通过微分计算，可将扭转试验的扭矩-转角(M_T-θ')曲线转换为剪应力-剪应变曲线，再根据

$$\begin{cases} \sigma_{eq} = \dfrac{1}{\sqrt{2}}\sqrt{(\sigma_x-\sigma_y)^2+(\sigma_y-\sigma_z)^2+(\sigma_z-\sigma_x)^2+\sigma(\tau_{xy}^2+\tau_{yz}^2+\tau_{zx}^2)} = \sqrt{3}\tau \\ \varepsilon_{eq} = \sqrt{\dfrac{2}{9}[(\varepsilon_1-\varepsilon_2)^2+(\varepsilon_2-\varepsilon_3)^2+(\varepsilon_3-\varepsilon_1)^2]} = \sqrt{\dfrac{2}{3}(\varepsilon_1^2+\varepsilon_2^2+\varepsilon_3^2)} \\ \quad = \left(\dfrac{1+\mu}{E}\right)(2/\sqrt{3})\tau = (2/\sqrt{3})\dfrac{1+\mu}{E}G\gamma = \gamma/\sqrt{3} \end{cases}$$

将剪应力-剪应变关系曲线转换为等效应力-等效应变关系曲线。

低碳钢拉伸和扭转真实应力-应变关系曲线如图 4-37 所示。

3. 低碳钢材料在扭转试验中的应变范围分析

金属塑性成型应变范围与材料变形过程中的力学稳定性密切相关，并最终取决于材料本身在既定应力状态下的断裂机制。力学稳定性保证材料最大限度均匀变形，抑制局部变形，从而避免材料过早断裂，因此直接决定拉伸或扭转试验可测量的有效应变范围。材料在拉伸和扭转荷载作用下的塑性流动力学稳定性各不相同。在拉伸过程中，试件横截面不断减缩，在拉伸荷载最大值之前，材料本身应变硬化能力补偿了横截面减缩造成的几何软化，试件整体均匀变形，在

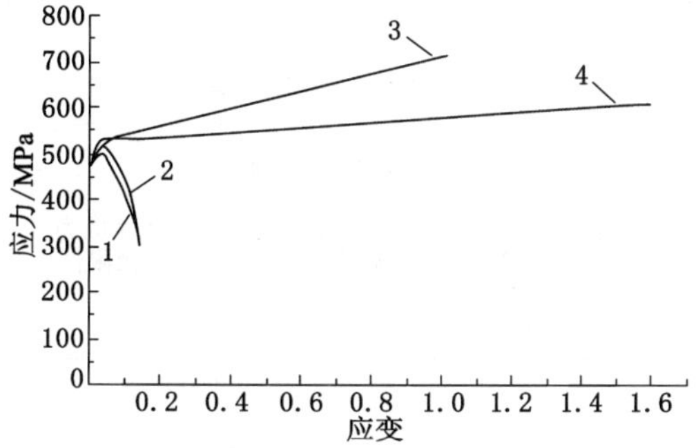

1—工程应力-工程应变关系曲线；2—真实应力-真实应变关系曲线；
3—布里奇曼法修正应力-应变关系曲线；4—扭转等效应力-等效应变关系曲线。

图 4-37 低碳钢拉伸和扭转真实应力-应变关系曲线

荷载最大点之后，材料应变硬化能力不足以平衡横截面减缩造成的几何软化，材料变形就会局部发展，形成颈缩。常规手段可测量有效应变范围限制在失稳前拉伸试件经历的均匀应变。而在扭转过程中，试件在断裂前几何形状几乎不发生变化，不存在几何软化问题，试件整体能获得直至断裂的均匀应变。因此，由于在力学稳定性方面所具有的优势，金属棒材在扭转状态下的均匀应变范围大于拉伸状态下所经历的均匀应变范围。

低碳钢材料在拉伸变形失稳后试件要经历一段局部颈缩变形，颈缩逐渐集中直至断裂；扭转变形失稳后试件由表及里迅速断裂，扭转过程基本上为均匀变形。

塑性很好的低碳钢试件断口呈典型的“杯锥”状，“杯口”环形断面相对光滑，与试件轴线成 45°，属剪切破坏断裂机制，“杯底”断面粗糙不平，属拉断破坏断裂机制。由于“杯底”占绝大部分比例，所以低碳钢主要是拉断破坏断裂机制。扭转断面均光滑平整，且与试件轴线垂直，属于剪切破坏断裂机理。根据联合强度理论，韧性金属在拉伸状态下主要为拉断破坏机制，受最大拉应力σ_{max}的控制，在扭转状态下为剪断破坏机制，受最大剪应力τ_{max}的控制，相应的拉伸和扭转应力状态对比如图 4-38 所示。正常情况下，材料在拉伸状态下会促进其内部孔洞等缺陷发展，尤其是在颈缩出现后三轴拉应力作用逐渐显著，材料内部缺陷加速发展，同时其三轴应力状态比单向拉应力状态趋于最大拉应力σ_{max}更快(图 4-38 中拉伸应力状态的斜率变化)，从而导致材料加速破坏断裂。而在扭转过程中，材料在剪应力状态下其内部孔洞等缺陷体积变化不明显，仅形状和扩展方向发生改变(旋转、扭曲)，经逐渐累积后引起损伤失效，但失效过程比拉伸变形的破坏过程缓慢得多，材料扭转达到最大剪应力τ_{max}所对应的应变大于拉伸变形达到最大拉应力σ_{max}所对应的应变。因此，同一材料扭转断裂前经历的应变范围普遍大于拉伸断裂前经历的应变范围，是不同应力状态下断裂机制的差异所导致的。

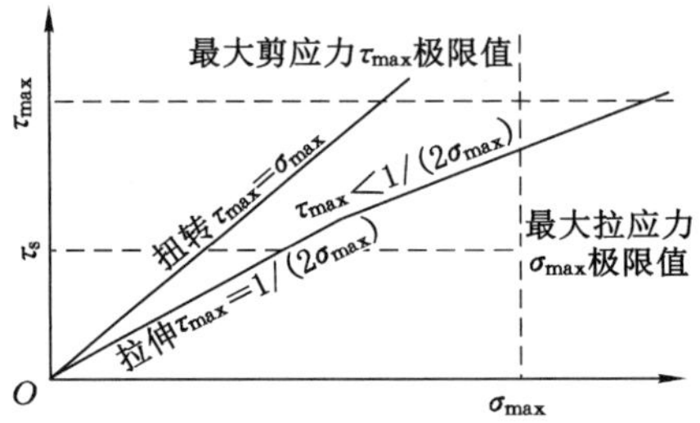

图 4-38　拉伸和扭转应力状态对比图

4. 低碳钢材料在扭转试验中的力学性能分析

低碳钢材料在拉伸和扭转状态下呈现的力学性能存在差异。首先是屈服强度，反映了材料由弹性变形进入塑性屈服状态的难易程度，低碳钢拉伸状态下屈服强度均高于扭转状态下屈服强度；然后是应变硬化指数，反映了材料抵抗塑性变形的能力，低碳钢拉伸状态下应变硬化指数均明显大于扭转状态；最后是断裂前极限强度，反映了材料本身的最大承载能力，低碳钢在拉伸状态下断裂前承受的有效应力比扭转状态要高。相比于拉伸状态，在扭转状态下的金属棒材呈现不同程度的"软化"现象，即金属在扭转状态下比拉伸状态下更容易进入塑性屈服状态，同时抵抗形变的应变硬化能力和极限承载能力均显著减弱。

四、试验方法和步骤

(1) 使用游标卡尺测量低碳钢扭转试件数据，并记录。

(2) 将试件夹持部分对准扭转试验机夹头，安装好试件，之后在试件侧面沿轴线方向画一条清晰的直线。

(3) 启动电脑，打开电脑桌面上的扭转试验软件，选择串口，清零，点击开始采集的同时缓慢加载。

(4) 观察试验过程直至试件断裂，停止采集，保存曲线并打印。

五、试验报告要求

(1) 试验数据整理。

(2) 转换并绘制低碳钢扭转真实应力-应变关系曲线。

(3) 简述低碳钢扭转断裂机制。

(4) 结合低碳钢真实应力-应变关系曲线分析低碳钢材料在拉伸和扭转过程中的力学性能异同之处。

第五章　振动力学综合试验

第一节　振动教学试验系统组成及基本测试仪器

INV1601型振动教学试验系统是一套集成化的振动测试试验系统，主要由三个部分组成：

(1) INV1601型振动教学试验台(以下简称INV1601试验台)。

(2) INV1601型振动教学试验仪(以下简称INV1601试验仪)及各种传感器。

(3) INV1601型DASP振动教学试验软件(以下简称INV1601型DASP软件)。

INV1601型振动教学试验系统如图5-1所示。

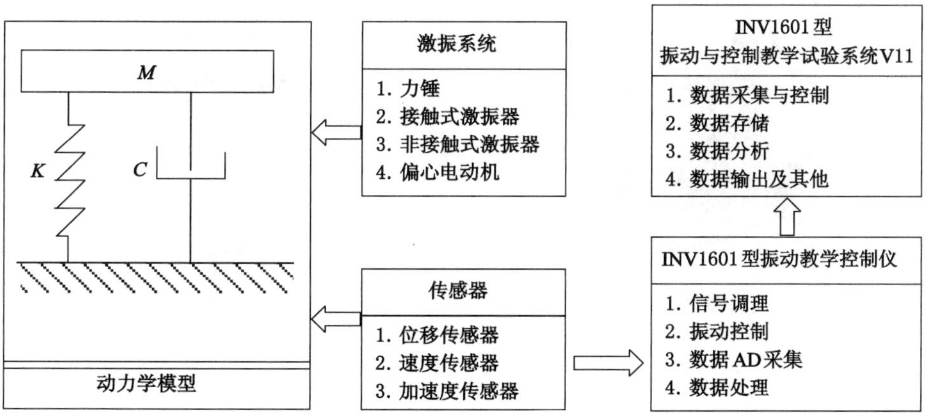

图5-1　INV1601型振动教学试验系统

一、INV1601型振动教学试验台

该振动教学试验台主要由弹性体系统、激振系统、隔振系统、阻尼和动力吸振器组成。弹性体系统包括简支梁、悬臂梁、等强度梁、圆板以及用于组成单自

由度、二自由度和多自由度系统模型的质量块和钢丝。激振系统包括力锤、偏心电动机、接触式激振器、非接触式激振器。隔振系统采用空气阻尼器进行隔振。阻尼采用的是油阻尼器。动力吸振采用的是可拆卸式复式吸振器,同时可以减小4个共振频率。试验台与采集仪组合使用,可完成振动与振动控制方面的教学试验。以下对试验台的一些主要部件作简要说明。

1. 偏心电动机

单相交流串激整流子电动机带动偏心质量圆盘转动,偏心质量的离心惯性力产生振动。电动机采用50 Hz单相电源供电,其转速随电源电压的变化而变化。采用通过功放的功率输出改变电压的方法来调节电动机的转速,使电动机转速可以在0～4 000 r/min范围内调节,产生不同频率的激振力,如图5-2所示。

2. JZ-1型电磁式激振器

使用如图5-3所示激振器时,将其放置在相对于被测试物体静止的台面上,并将顶杆顶在被测试物体的激振处,顶杆端部与被测试物体之间要有一定的预压力,使顶杆处于限幅器中间。激振前顶杆应处于振动的平衡位置,这样激振器的可动部分和固定部分不会发生碰撞。

图5-2　偏心电动机

图5-3　JZ-1型电磁式激振器

电磁式激振器的优点:能获得较宽频带的激振力,即产生激振力的频率范围较宽;可动部分质量较小,对被测物体的附加质量和附加刚度较小,使用也方便。因此,应用比较广泛,但是这种激振器不能产生太大的激振力。

① 技术指标:激振频率范围为10～1 000 Hz;最大激振力为200 g;最大行程为±1.5 mm。

② 使用方法:将激振器安装支架固定在试验台基座上,激振器安装在支架上,并保证激振器顶杆对简支梁有一定的预压力(不要露出激振杆上的红线标

识)，用专用连接线连接激振器和 INV1601 型振动教学试验仪的功放输出接口。

3. INV 型磁电式非接触式激振器

对于轻型结构和薄板试件，宜采用非接触式激振器激振。如图 5-4 所示，非接触式激振器主要由磁铁和绕在铁芯上的线圈组成。线圈有 2 个，一个是励磁线圈，通以直流电流，产生恒定的偏置磁场；另一个是驱动线圈，由外部信号源供给激励信号，当驱动线圈通以交变电流时，磁铁对试件产生交变的吸力，从而激起试件振动。

图 5-4　INV 型磁电式非接触式激振器

① 技术指标：激振力频率范围为 10～1 000 Hz；最大激振力为 0.98 N。

② 使用方法：将激振器安装在磁力表座上，根据被激振件的刚度调节激振器与被激振件之间的间隙。激振器连线接到 INV1601 型振动教学试验仪的功放输出接口。

二、INV1601 型振动教学试验仪的功能与指标

INV1601 型振动教学试验仪由 4 通道 24 位 AD 多功能智能数据测试仪、信号发生器、功率放大器和信号调理模块组成。

AD 多功能智能数据采集仪可连接 IEPE 型加速度传感器、磁电式速度传感器和电涡流位移传感器，对被测物体的振动加速度、速度和位移进行测量。可将每个通道所测振动信号转换成与之相对应的±5 V AC 电压信号，供数据采集分析系统使用。

信号发生器的输出频率，手动挡时可通过旋钮在 0.1～1 000 Hz 范围内连续调节；自动挡时可在 10～1 000 Hz 范围内自动变换；扫频时间可由电位器控制，3～240 s 连续可调，激振频率可由液晶显示器显示。

JZ-1 型电磁式激振器或 INV 型磁电式非接触式激振器可以直接与控制仪连接，对物体进行激振，其输出幅度可连续调节。

1. 主要技术指标

(1) 信号源

① 频率范围：

手动挡：0.1～1 000 Hz，连续可调；

自动挡：10～1 000 Hz，连续扫频。

② 输出幅度：0～0.5 V(单峰值)。

③ 频率精度：±0.1%。

④ 频率分辨率：0.1 Hz。

⑤ 自动扫频周期：3～240 s(任意设定)。

(2) 功率放大器

① 最大输出电流：>500 mA。

② 电流精度：±5%满量程。

(3) 测量通道

INV1601 型振动教学试验仪包括 4 个测量通道，可使用 IEPE 型加速度传感器、磁电式速度传感器及电涡流位移传感器，以对结构振动的加速度、速度及位移进行测量。

(4) 加速度计

加速度计可直接测量振动加速度值，通过一次积分或二次积分计算相应的速度和位移。

传感器型号：INV9822 型 IEPE 加速度传感器。

加速度测量范围：0～100 m/s^2(峰值)。

(5) 速度计

使用速度计可直接测量振动的速度值，通过微分电路可获得振动的加速度值。通过积分电路可获得振动的位移值。

传感器型号：V300 型速度传感器。

速度测量范围：0～100 mm/s(有效值)。

(6) 位移计

传感器型号：8500 系列电涡流传感器。

位移测量范围：±2 mm(峰值)。

(7) 显示部分

数字表可分时显示内部信号源的频率(即激振频率，Hz)、功率放大器的输出电流(mA)及自动扫频周期(s)。

2. 模拟输出电压转换成振动工程单位的方法

前面板两个测量通道是相同的，可分别接入加速度传感器、速度传感器和涡流传感器。测量通道输出的是模拟电压信号，当需要获取振动的工程单位时，需要输入相应的传感器的灵敏度。当使用加速度传感器时，需要输入加速度计的电荷灵敏度，单位是 $PC/(m \cdot s^2)$。当使用速度传感器时，需要输入速度计的电压灵敏度，单位是 $V/(mm \cdot s)$。当使用涡流传感器时，需要输入涡流传感器的电压灵敏度，单位是 $mV/\mu m$。下面举例说明具体的算法。

传感器灵敏度为 KCH。如果是电荷型传感器，其灵敏度单位为 PC/U，表示每个工程单位输出多少 PC 的电荷，对于压电式力传感器，而且参数表中工程单位设为 N，则此处为 PC/N；如果是加速度传感器，参数表中工程单位设为 m/s^2，则此处为 $PC/(m \cdot s^2)$；如果是速度传感器，其灵敏度一般表示为 $mV/(cm \cdot s)$；位移传感器灵敏度一般表示为 $mV/\mu m$。

INV1601 型试验仪各挡输出增益 K_E 见表 5-1。

表 5-1

参数	线性 K_E	一次积分 K_E	二次积分 K_E	一次微分 K_E
加速度/(m/s^2)	10 (mV/PC)	10 000 s(m/s)	1 000 000 s^2(m)	—
速度/(m/s)	1	100 s(m)	—	0.001 $s^{-1}(m/s^2)$
位移/μm	0.5	—	—	—

DASP 参数设置表中的标定值 K 为：

$$K = K_{CH} \cdot K_E$$

$$\text{实测物理量} = \text{输出电压} \div \text{标定值 } K$$

式中，K_{CH} 为传感器的灵敏度值。

三、INV 系列信号采集仪和 INV1601 型 DASP 软件

INV 系列信号采集仪为以太网接口的便携式采集仪，适用于笔记本电脑、台式机、工控机等具有以太网接口的计算机。INV 系列信号采集仪集成在 INV1601 型振动与控制（简称 INV1601 型测振仪）教学试验系统内，内置 4 通道高精度 AD 采样。

1. INV1601 型系统硬件安装连接

通过系统配套网线将计算机的以太网口和 INV1601 型振动与控制教学试验系统后面板上的信号采集仪输出接口进行连接，配套 DASP 软件系统即可组成一套高性能的振动测试系统，安装如图 5-5 所示。

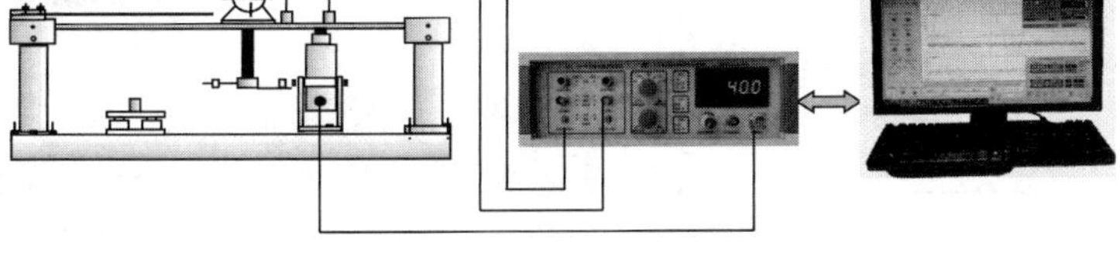

图 5-5　INV1601 型振动与控制教学试验系统连接示意图

2. INV1601 型 DASP 软件系统

INV1601 型测振仪振动与控制教学试验系统是用于振动力学和模态试验的教学试验软件系统，可进行多通道信号采集和实时分析。

INV1601 型测振仪 DASP 软件主要包括 DASP 单通道、DASP 双通道、DASP 多通道和 DASP 模态教学四个基本部分，以及可以选择的扩展模块和工程测试模块。

INV1601 型测振仪 DASP 软件可以实现信号的实时分析，即可以不间断地进行信号的采样，同时进行频谱分析和结果显示，实现了采样、分析和显示示波的同步进行。

第二节　机械振动系统固有频率的测量

一、试验目的

(1) 学习机械振动系统固有频率的测试方法。

(2) 学习用共振法测试振动系统固有频率的原理与方法（幅值判别法和相位判别法）。

(3) 学习用自谱分析法测试振动系统固有频率的原理和方法（自谱分析法）。

(4) 学习用锤击法测试振动系统固有频率的原理与方法（传函判别法）。

二、试验仪器及安装示意图

试验仪器：INV1601 型振动与控制教学试验仪、INV1601 型振动与控制教学试验台、加速度传感器、接触式激振器、力锤（橡胶头）。

软件：INV1601 型测振仪 DASP 软件试验仪器。

安装示意图如图 5-6 所示。

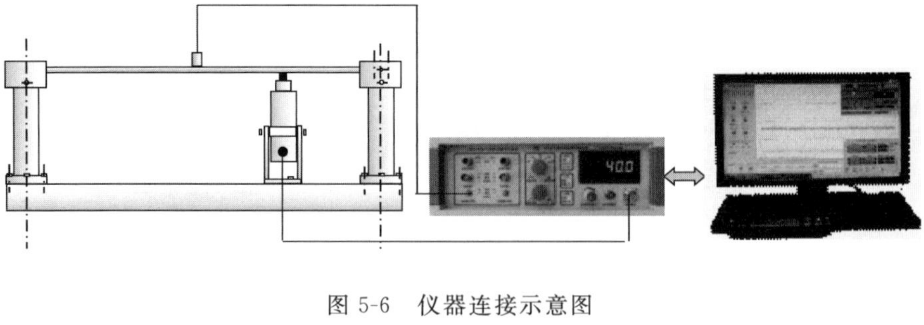

图 5-6　仪器连接示意图

三、试验原理

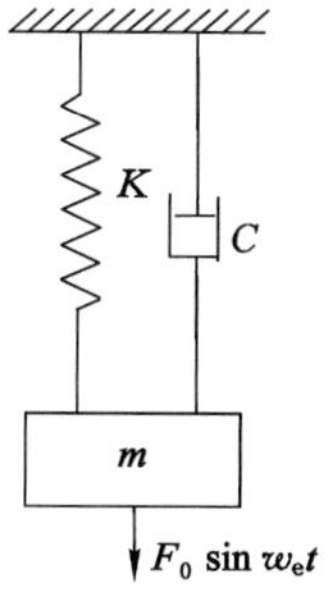

图 5-7　阻尼强迫振

对于振动系统，经常要测定其固有频率，最常用的方法就是用简谐力激振，引起系统共振，从而找到系统的各阶固有频率。另一种方法是锤击法，用冲击力激振，通过输入的力信号和输出的响应信号进行传函分析，得到各阶固有频率。阻尼强迫振如图 5-7 所示。

1. 简谐力激振

由简谐力作用下的强迫振动系统，其运动方程为：

$$m\ddot{x} + C\dot{x} + Kx = F_0 \sin \omega_e t \tag{5-1}$$

方程式的解由 x_1 和x_2 这两个部分组成：

$$x_1 = e^{-\varepsilon t}[C_1 \cos(\omega_D t) + C_2 \sin(\omega_D t)] \tag{5-2}$$

式中，$\omega_D = \omega\sqrt{1-D^2}$；$C_1$、$C_2$ 为常数，由初始条件决定。

$$x_2 = A_1 \sin(\omega_e t) + A_2 \cos(\omega_e t) \tag{5-3}$$

式中，$A_1 = \dfrac{q(\omega^2-\omega_e^2)}{(\omega^2-\omega_e^2)^2+4\varepsilon^2\omega_e^2}$；$A_2 = \dfrac{2q\,\omega_e\varepsilon}{(\omega^2-\omega_e^2)^2+4\varepsilon^2\omega_e^2}$；$q = \dfrac{F_0}{m}$；$x_1$ 为阻尼自由振动基；x_2 为阻尼强迫振动项。

自由振动项周期：

$$T_D = \frac{2\pi}{\omega_D}$$

强迫振动项周期：

$$T_e = \frac{2\pi}{\omega_e}$$

由于阻尼的存在，自由振动基随时间不断衰减消失，最后只剩下强迫振动部分，即

$$x = \frac{q(\omega^2-\omega_e^2)}{(\omega^2-\omega_e^2)^2+4\varepsilon^2\omega_e^2}\cos(\omega_e t) + \frac{2q\,\omega_e\varepsilon}{(\omega^2-\omega_e^2)^2+4\varepsilon^2\omega_e^2}\sin(\omega_e t) \tag{5-4}$$

通过变换可写成：

$$x = A\sin(\omega_e t - \varphi) \tag{5-5}$$

式中，

$$A = \sqrt{A_1^2 + A_2^2} = \frac{q/\omega^2}{\sqrt{(1-\frac{\omega_e^2}{\omega^2})^2 + \frac{4\varepsilon^2\omega_e^2}{\omega^4}}}$$

$$\varphi = \arctan\frac{A_2}{A_1} = \arctan\frac{2\,\omega_e\varepsilon}{\omega^2-\omega_e^2}$$

设频率比 $u=\frac{\omega_e}{\omega}$，$\varepsilon=D\omega$，则：

① 振幅：

$$A=\frac{q/\omega^2}{\sqrt{(1-u^2)^2+4u^2D^2}}$$

② 滞后相位角：

$$\varphi=\arctan\frac{2Du}{1-u^2}$$

因为 $q/\omega^2=\frac{F_0/m}{K/m}=F_0/K=x_{st}$ 为弹簧受干扰力峰值作用引起的静位移，所以振幅 A 可写成：

$$A=\frac{1}{\sqrt{(1-u^2)^2+4u^2D^2}}x_{st}=\beta x_{st} \tag{5-6}$$

式中，β 为动力放大系数，$\beta=\frac{1}{\sqrt{(1-u^2)^2+4u^2D^2}}$。

β 是强迫振动时的动力系数，即动幅值与静幅值之比，对拾振器和单自由度体系的振动的研究来说都非常重要。

当 $u=1$ 时，即强迫振动频率和系统固有频率相等，动力系数迅速增大，引起系统共振，即

$$x=A\sin(\omega_e t-\varphi) \tag{5-7}$$

由此可知：共振时振幅和相位都有明显变化，通过对这两个参数的测量，可以判别系统是否达到共振点，从而确定系统的各阶振动频率。

2. 幅值判别法

在激振功率输出不变的情况下，由低到高调节激振器的激振频率，通过示波器可以观察到某一频率时任意振动量（位移、速度、加速度）幅值迅速增大，这就是机械振动系统的某阶固有频率。

3. 相位判别法

相位判别法是根据共振时特殊的相位值以及共振前后相位变化规律所提出的一种共振判别法。在简谐力激振的情况下，采用相位法判定共振是一种较为敏感的方法，而且共振时的频率就是系统的无阻尼固有频率，可以排除阻尼因素的影响。

激振信号为：

$$F=F_0\sin(\omega t)$$

位移信号为：

$$y = Y\sin(\omega t - \varphi)$$

速度信号为：

$$\dot{y} = \omega Y\cos(\omega t - \varphi)$$

加速度信号为：

$$\ddot{y} = -\omega^2 Y\sin(\omega t - \varphi)$$

(1) 位移判别共振

将由 INV1601 型测振仪"信号源输出"的激振信号输入 INV1601 型测振仪第一通道(x 轴)的速度输入接头，位移传感器输出信号接入 INV1601 型测振仪的第二通道(y 轴)的输入接头，此时两个通道的信号分别为：

① 激振信号为：

$$F = F_0\sin(\omega t)$$

② 位移信号为：

$$y = Y\sin(\omega t - \varphi)$$

共振时，$\omega=\omega_n$，$\varphi=\frac{\pi}{2}$，x 轴信号和 y 轴信号的相位差为 $\pi/2$。由李萨如图形原理可知：屏幕上的图像是一个正椭圆。当 ω 略大于 ω_n 或者略小于 ω_n 时，图像都将由正椭圆变为斜椭圆，其变化过程如图 5-8 所示。因此图像由斜椭圆变为正椭圆的频率就是振动体的固有频率。

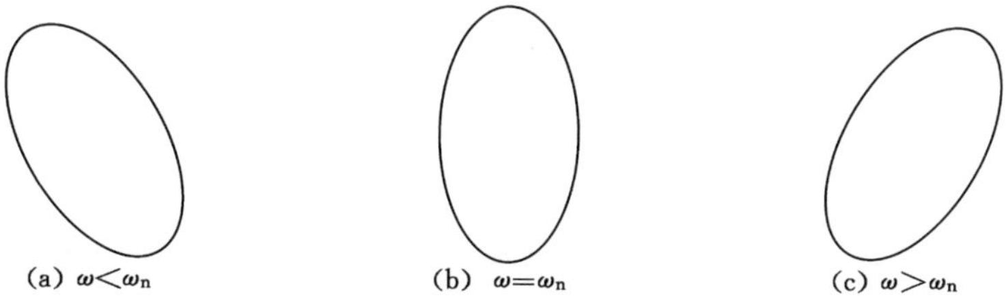

图 5-8　用位移判别共振的李萨如图形

(2) 速度判别共振

将激振信号输入 INV1601 型测振仪的第一通道(x 轴)，速度传感器输出信号接入 INV1601 型测振仪的第二通道(y 轴)的输入接头，此时两个通道的信号分别为：

① 激振信号为：

$$F = F_0\sin(\omega t)$$

② 速度信号为：

$$\dot{y} = \omega Y\cos(\omega t - \varphi)$$

共振时，$\omega=\omega_n$，$\varphi=\frac{\pi}{2}$，x 轴信号和 y 轴信号的相位差为 π。由李萨如图形原理可知：屏幕上的图像应该是一条直线。当 ω 略大于ω_n或略小于ω_n时，图像都将由直线变为斜椭圆，其变化过程如图 5-9 所示。因此图像由斜椭圆变为直线的频率就是振动体的固有频率。

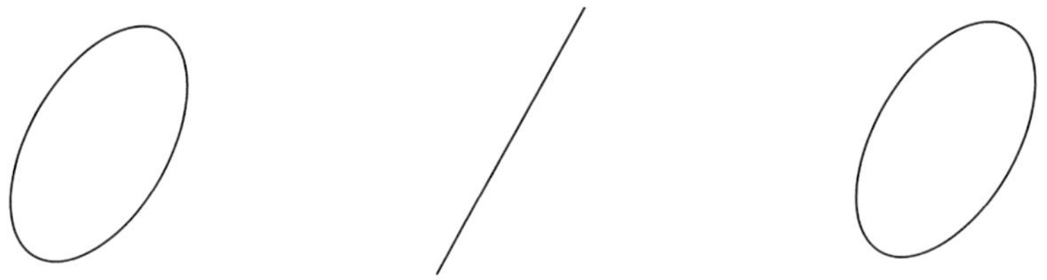

(a) $\omega<\omega_n$　(b) $\omega=\omega_n$　(c) $\omega>\omega_n$

图 5-9　用速度判别共振的李萨如图形

(3) 加速度判别共振

将激振信号输入采集仪的第一通道(x 轴)，加速度传感器输出信号输入第二通道(y 轴)，此时两个通道的信号分别为：

① 激振信号为：

$$F=F_0\sin(\omega t)$$

② 加速度信号为：

$$\ddot{y}=-\omega^2 Y\sin(\omega t-\varphi)$$

共振时，$\omega=\omega_n$，$\varphi=\frac{\pi}{2}$，x 轴信号和 y 轴信号的相位差为 $\pi/2$。由李萨如图形原理可知：屏幕上的图像应该是一个正椭圆。当 ω 略大于ω_n或略小于ω_n时，图像都将由正椭圆变为斜椭圆，其变化过程如图 5-10 所示。因此图像由斜椭圆变为正椭圆的频率就是振动体的固有频率。

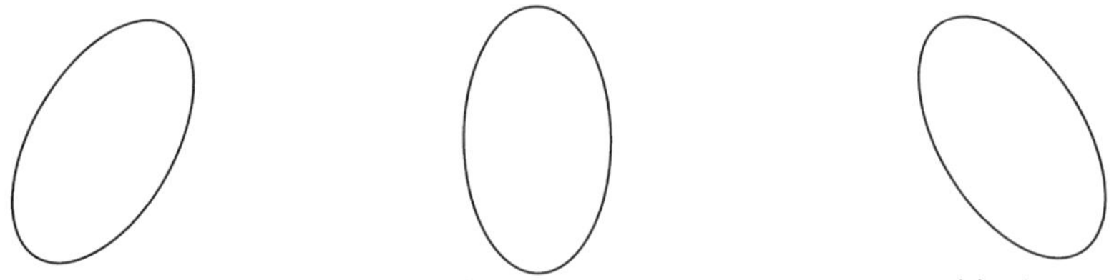

(a) $\omega<\omega_n$　(b) $\omega=\omega_n$　(c) $\omega>\omega_n$

图 5-10　用加速度判别共振的李萨如图形

4. 传函判别法(频率响应函数判别法)

通常认为振动系统为线性系统，用一特定、已知的激振力，采用可控的方法来激励结构,同时测量输入信号和输出信号,通过传函分析,得到系统固有频率。

响应与激振力之间的关系可用导纳表示：

$$Y=\frac{X}{F}=\frac{1/k}{\sqrt{(1-u^2)^2+4D^2u^2}}e^{j\varphi} \tag{5-8}$$

$$\varphi=\arctan\frac{-2Du}{1-u^2} \tag{5-9}$$

Y 的意义是幅值为 1 的激励力所产生的响应。研究 Y 与激励力之间的关系,就可以得到系统的频率响应特性曲线。共振频率时的导纳值迅速增大,从而可以判别各阶共振频率。

5. 自谱分析法

简支梁系统受脉冲激励后做自由衰减振动时包括了各阶频率成分,即简支梁系统的各阶固有频率时域波形反映了各阶频率时自由衰减波形的线性叠加,通过对时域波形做快速傅立叶变换(FFT 转换)就可以得到其频谱图,从而可以从频谱图中各峰值处得到系统的各阶固有频率。

四、试验步骤

1. 幅值判别法测量

(1) 安装仪器

把激振器安装在支架上,将激振器和支架固定在试验台基座上,并保证激振器顶杆对简支梁有一定的预压力(不要露出激振杆上的红线标识),用专用连接线连接激振器和 INV1601 型测振仪的功放输出接口(试验仪上的功率幅度调节按钮应调到最小)。

把带磁座的加速度传感器安放在简支梁上,输出信号接到 INV1601 型测振仪的加速度传感器输入端,测振仪的功能挡位拨到“加速度”挡。

(2) 开机

进入 INV1601 型测振仪 DASP 软件的主界面,选择单通道按钮。进入单通道示波状态进行波形示波。

(3) 测量

打开 INV1601 型测振仪的电源开关,调大功放输出按钮,注意不要过载,从 0 开始调节频率按钮,当简支梁产生振动且振动幅度最大时记录当前频率,继续增大频率可得到高阶振动频率。

2. 相位判别法测量

(1) 将位于 INV1601 型试验仪前面板的激励“信号源输出”端,接入试验仪的第一通道的“速度输入”接头(x 轴),加速度传感器输出信号接 INV1601 型试验仪第二通道的“加速度输入”接头(y 轴)。加速度传感器放在距离梁端1/3处。

(2) 用 INV1601 型 DASP 软件“双通道”中的李萨如图示波,调节激振器的频率,观察图像的变化情况,分别用 INV1601 型试验仪“加速度挡”的加速度 a、速度 v、位移 d 进行测量,观察图像,根据共振时各物理量的判别法原理来确定共振频率。

3. 传函判别法和自谱分析法测量

(1) 安装仪器

把试验力锤的力传感器输出线接到 INV1601 型测振仪第一通道的加速度传感器输入端;把带磁座的加速度传感器放在简支梁上,输出信号接到 INV1601 型测振仪的第二通道加速度传感器输入端,挡位都拨到“加速度”挡的 a 加速度。

(2) 开机

进入 INV1601 型测振仪 DASP 软件的主界面,选择“双通道”按钮。进入“双通道”软件进行“传函”示波。在“自由选择”中选择传函幅频和相位项示波。

(3) 传函测量

用力锤敲击简支梁中部,就可以看到时域波形,采样方式选择为“单次触发”或“多次触发”,点击左侧操作面板的“传函”按钮,可以得到频率响应曲线,第一个峰就是系统的第一阶固有频率,后面的几个峰是高阶频率。移动传感器或用力锤敲击简支梁的其他部位,再进行测试,记录各阶固有频率。

(4) 自谱测量

选择“波谱”示波方式,从第二通道的频谱图中读取前 3 个谱峰,即系统的前三阶固有频率。

五、试验数据和结果分析

(1) 结构振动系统固有频率测量结果见表 5-2。

表 5-2 结构振动系统固有频率测量结果

测试方法		频率		
		第一阶频率	第二阶频率	第三阶频率
幅值判别法				
相位判别法图像	位移 d			
	速度 v			
	加速度 a			
传函判别法				
自谱分析法				

(2) 将信号源频率调为f_y、$0.5f_y$、$2f_y$，观察李萨如图形有什么规律和特点。

(3) 除了本试验采用的测试结构振动系统固有频率的方法外，还有其他方法吗？如有，请简要回答。

第三节　单自由度系统模型参数的测试

一、试验目的

(1) 学习建立单自由度系统模型。

(2) 学会用共振法测定单自由度系统模型的固有频率f_0、刚度 k。

(3) 学习简支梁等效质量的计算与测试。

二、试验仪器及安装示意图

试验仪器：INV1601 型振动教学试验仪、INV1601 型振动教学试验台、加速度传感器、接触式激振器、配重块。

软件：INV1601 型测振仪 DASP 软件。

试验仪器安装示意图如图 5-11 所示。

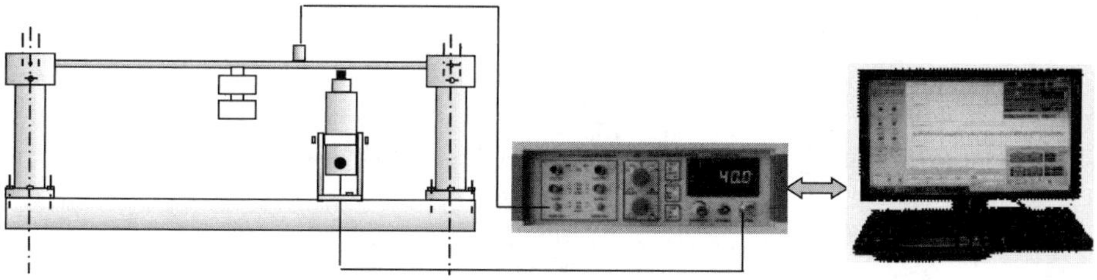

图 5-11　仪器连接示意图

三、试验原理

单自由度线性系统是最简单的振动系统，也是最基本的振动系统，这种系统在振动分析中的重要性：一方面，很多实际问题都可以简化为单自由度线性系统来处理，从而可以直接利用这种系统的相关研究成果来解决问题；另一方面，单自由度系统具有一般振动系统的一些基本特性，实际上，它是多自由度系统、连续系统、非线性系统进行振动分析的基础。

任何一个实际的振动系统都是十分复杂的，为了能对其分析，一定要加以简化，并在简化的基础上建立合适的力学模型。在简化的模型中，振动体的位置或形状只需要用一个独立的坐标来描述的系统称为单自由度系统。

振动系统的力学模型是由三种理想化元件——质量块、阻尼器和弹簧组成的。

1. 通过静变形法测量单自由度系统的固有频率

INV1601 型试验台上的简支梁是一根无限多自由度的梁，梁中部的电动机和配重看作质量块，使系统简化为单自由度系统。梁相当于一根弹簧，则系统可简化为一个单自由度无阻尼系统，力学模型如图 5-12 所示。

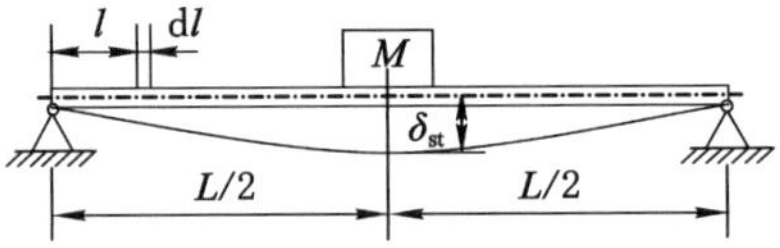

图 5-12　力学模型

在质量块的重力 mg 作用下，弹簧受到拉伸或压缩，其静变形 δ_{st} 与重力 mg 之间的关系式为：

$$k\delta_{st}=mg \tag{5-10}$$

则：

$$k=\frac{mg}{\delta_{st}} \tag{5-11}$$

根据固有频率的定义，$f=\frac{1}{2\pi}\sqrt{\frac{k}{m}}$，将式(5-11)代入得：

$$f=\frac{1}{2\pi}\sqrt{\frac{g}{\delta_{st}}} \tag{5-12}$$

由材料力学可知梁中点的静变形为：

$$\delta_{st}=\frac{mgL^3}{48EJ} \tag{5-13}$$

则系统的固有频率为：

$$f=\frac{1}{2\pi}\sqrt{\frac{48EJ}{mL^3}} \tag{5-14}$$

简支梁中点处的刚度为：

$$k=\frac{48EJ}{L^3} \tag{5-15}$$

2. 简支梁等效质量的计算

对于中部附有集中质量块 m' 的简支梁系统，若梁的均布质量为 m_0，线密度

$\rho=m_0/L$，假定梁自由振动时的动挠度曲线与简支梁中间有集中荷载 mg 作用下的静挠度曲线一样，由材料力学可知在距离端点为 l 处的梁截面的静挠度曲线为：

$$x_l=\delta_{st}\frac{3L^2l-4l^3}{L^3} \tag{5-16}$$

式中，δ_{st} 为梁中点的静挠度，$\delta_{st}=\dfrac{mgL^3}{48EJ}$。

动挠度曲线方程可以认为与式(5-16)相似：

$$x_l(t)=x(t)\frac{3L^2l-4l^3}{L^3} \tag{5-17}$$

式中，$x(t)$ 为中点处的振动位移，振动为简谐振动，则有：

$$\begin{cases}x_{max}=X\\ \dot{x}_{max}=X\omega_n\end{cases} \tag{5-18}$$

对于距端点 l 处长度为 $\mathrm{d}l$ 的微段梁，质量为 $\rho\mathrm{d}l$，由曲线方程可知其速度为 $\dot{x}_l(t)=\dot{x}(t)\dfrac{3L^2l-4l^3}{L^3}$，所以整段梁的动能为：

$$\begin{aligned}2\int\frac{1}{2}\rho\dot{x}_l^2\mathrm{d}l&=\frac{\rho\dot{x}^2}{L^6}\int_0^{L/2}(3L^2l-4l^3)^2\mathrm{d}l\\&=\frac{1}{2}\left(\frac{17}{35}\rho L\right)\dot{x}^2=\frac{1}{2}\left(\frac{17}{35}m_0\right)\dot{x}^2=\frac{1}{2}m\dot{x}^2\end{aligned} \tag{5-19}$$

均布质量梁的质量 m_0 折合到梁中部的等效集中质量为：

$$m=\frac{17}{35}m_0\approx\frac{1}{2}m_0 \tag{5-20}$$

根据所测得频率可计算得到等效刚度：

$$k=4\pi^2f^2m \tag{5-21}$$

四、试验步骤

(1) 参考仪器连接示意图连接好仪器和传感器。

(2) 开机进入 INV1601 型测振仪 DASP 软件的主界面，选择单通道按钮。进入单通道示波状态进行波形和频谱同时示波。

(3) 调节 INV1601 型测振仪的频率和功率放大器旋钮，使梁产生共振，用加速度传感器测量简支梁的振动。

(4) 在采样参数设置菜单下设置采样频率为 2 000 Hz，程控倍数为 1 倍。

(5) 选择“虚拟仪器库”中的“高精度频率计”，并读取频率值。

(6) 更换配重块数量，分别测量没有配重块、加 1 块配重块(1 kg)、加 2 块配重块(2 kg)时的频率。

五、试验结果和分析

1. 共振法测量(表 5-3)

表 5-3

配重情况	不加配重块	加 1 块配重块(1 kg)	加 2 块配重块(2 kg)
测试的频率/Hz	$f_0=$	$f_1=$	$f_2=$

2. 简支梁等效质量 m 和等效刚度 k 的计算

简支梁等效质量指梁的均布质量折合到梁的中部的质量。

梁的质量 $m_0=$ kg。

$$\begin{cases} f_0=\dfrac{1}{2\pi}\sqrt{\dfrac{k}{m}} \\ f_2=\dfrac{1}{2\pi}\sqrt{\dfrac{k}{m+2}} \end{cases}$$

将测得的数据代入方程联立解得：

$$\begin{cases} m= \quad \text{kg} \\ k= \quad \text{N/m} \end{cases}$$

折合到梁中部的集中等效质量与梁质量的比值 $\dfrac{m}{m_0}=$ 。

将理论计算值与测试值列入表 5-4。

表 5-4

	梁固有频率 f_0/Hz	梁的等效刚度 k/(N/m)
理论计算值		
实测值		

第四节　单自由度系统自由衰减振动固有频率及阻尼比的测量

一、试验目的

(1) 了解单自由度系统自由衰减振动的有关概念。

(2) 学习用INV1601型振动教学试验仪记录单自由度系统自由衰减振动的波形。

(3) 学会用自由衰减振动波形确定系统的固有频率和阻尼比。

二、试验仪器及安装示意图

试验仪器：INV1601型振动教学试验仪、INV1601型振动教学试验台、加速度传感器、力锤(橡胶头)、配重块。

软件：INV1601型测振仪DASP软件。

试验仪器安装示意图如图5-13所示。

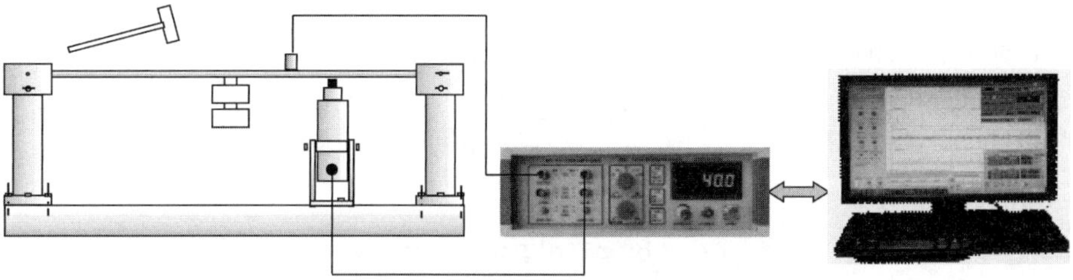

图5-13　仪器连接示意图

三、试验原理

单自由度系统的阻尼计算，在结构和测振仪器的分析中是很重要的。阻尼的计算常通过衰减振动的过程曲线(波形)振幅的衰减比例来进行计算。衰减振动波形示于图5-14。采用衰减波形求阻尼可以通过半个周期的相邻两个振幅绝对值之比，或经过一个周期的两个同方向相邻振幅之比，采用这两种基准方式进行计算。通常以相隔半个周期的相邻两个振幅绝对值之比为基准来计算较多。两个相邻振幅绝对值之比称为波形衰减系数。

(1) 对经过半周期为基准的阻尼计算。

每经过半周期的振幅的比值为一常量。

$$\varphi=\frac{|A_k|}{|A_{k+1}|}=\frac{A\mathrm{e}^{-\varepsilon t}}{A\mathrm{e}^{-\varepsilon(t+\frac{TD}{2})}}=\mathrm{e}^{\frac{1}{2}\varepsilon TD}=\mathrm{e}^{\pi\frac{D}{\sqrt{1-D^2}}} \tag{5-22}$$

比例系数φ表示阻尼振动的振幅(最大位移)按几何级数递减。衰减系数φ常用来表示振幅的减小速率。

如果用衰减系数φ的自然对数来表示振幅的衰减更方便。

$$\delta=\ln\varphi=\ln\left|\frac{A_k}{A_{k+1}}\right|=\frac{1}{2}\varepsilon T_D=\frac{\pi D}{\sqrt{1-D^2}} \tag{5-23}$$

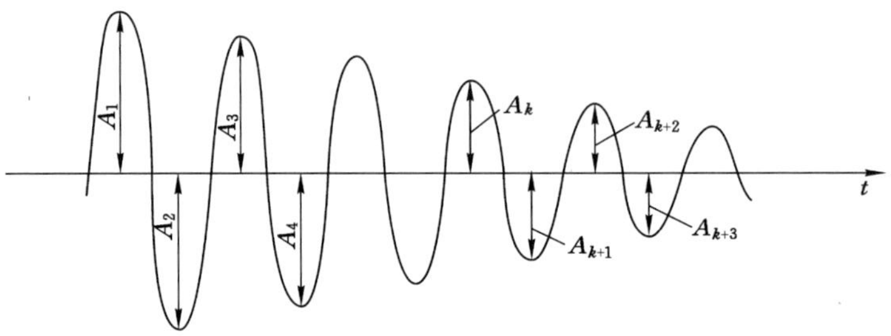

图 5-14　衰减振动波形

δ 称为振动的对数衰减率,可被用来求解阻尼比 D。

$$D=\frac{\delta}{\sqrt{\pi^2+\delta^2}} \tag{5-24}$$

引入常用对数

$$\delta_{10}=\lg\varphi=\delta\lg e=\ln\varphi\lg e$$

$$\lg e=0.4343, \delta=\frac{\delta_{10}}{\lg e}=2.303\delta_{10}$$

则得:

$$D=\frac{0.733\lg\varphi}{\sqrt{1+(0.733\lg\varphi)^2}}=\frac{\lg\varphi}{\sqrt{1.862+(\lg\varphi)^2}} \tag{5-25}$$

阻尼比的通常求解方法就是按式(5-24)进行计算。

(2) 阻尼较小时,由于 φ 很小,这样读数和计算误差较大,所以一般取相隔若干个波峰序号的振幅比来计算对数衰减率和阻尼比。

$$\varphi^n=\left|\frac{A_k}{A_{k+1}}\right|=e^{\frac{1}{2}n\varepsilon TD} \tag{5-26}$$

所以有:

$$\delta=\frac{1}{n}\ln\varphi=\frac{1}{n}\ln\left|\frac{A_k}{A_{k+1}}\right| \tag{5-27}$$

阻尼较大时,衰减得快(衰减率 φ 大),阻尼较小时,衰减得慢(衰减率 φ 小)。在实际阻尼波形振幅读数时,由于频率成分比较丰富,取多个相邻波形的峰峰值之比,然后取平均值,所以往往读取相邻两个波形的峰峰值之比 $\frac{|A_k|+|A_{k+1}|}{|A_{k+1}|+|A_{k+2}|}$。

当 $\frac{|A_k|}{|A_{k+1}|}=\frac{|A_{k+1}|}{|A_{k+2}|}$ 时,有:

$$\varphi=\frac{|A_k|}{|A_{k+1}|}=\frac{|A_k|+|A_{k+1}|}{|A_{k+1}|+|A_{k+2}|} \tag{5-28}$$

这样实际阻尼波形读取数值就大为方便，求得的阻尼比也更正确。

四、试验步骤

(1) 仪器安装。参照仪器安装示意图，安装好设备、传感器及配重质量块，加速度传感器接入 INV1601 型测振仪的第一通道，加装配重质量块是为了增大集中质量，使结构更接近单自由度系统模型。

(2) 开机进入 INV1601 型 DASP 软件的主界面，选择单通道按钮。进入单通道示波状态进行波形和频谱同时示波。

(3) 在采样参数中设置好采样频率 1 024 Hz、采样点数 2 000、标定值和工程单位等参数(按实际输入)，采样方式选择“触发采样”。

(4) 调节加窗函数旋钮为指数窗。如果选中，在时域波形显示区域中就会出现一条红色的指数曲线。

(5) 用小锤或用手敲击简支梁或电动机，看到响应衰减信号，这时按下鼠标左键并读数。

(6) 把采集到的当前数据保存到硬盘上，设置好文件名、试验号、测点号和保存路径。

(7) 移动光标收取波峰值和相邻的波峰值并记录，在频谱图中读取当前波形的频率值，如果波形较密，可以直接将波形拉伸以便观察。

(8) 重复上述步骤，收取不同位置处的波峰值和相邻的波谷值。

五、试验结果和分析

(1) 试验数据。测得的单自由度系统的固有频率和阻尼比见表 5-5。

表 5-5

试验次数	第一峰峰值			第二峰峰值			固有频率/Hz	阻尼比/%
	波峰值	波谷值	峰峰值	波峰值	波谷值	峰峰值		
1								
2								
3								

(2) 绘出试验中得到的单自由度系统的自由衰减振动曲线，移动光标收取峰值，记录峰值，利用公式手动计算。

第五节 被动隔振试验

一、试验目的

(1) 理解被动隔振的概念。

(2) 掌握被动隔振的基本方法。

(3) 学会测量计算被动隔振系数和隔振效率。

二、试验仪器及安装示意图

试验仪器:INV1601 型振动教学试验仪、INV1601 型振动教学试验台、加速度传感器、速度传感器、接触式激振器。

软件:INV1601 型测振仪 DASP 软件。

试验仪器安装示意图如图 5-15 所示。

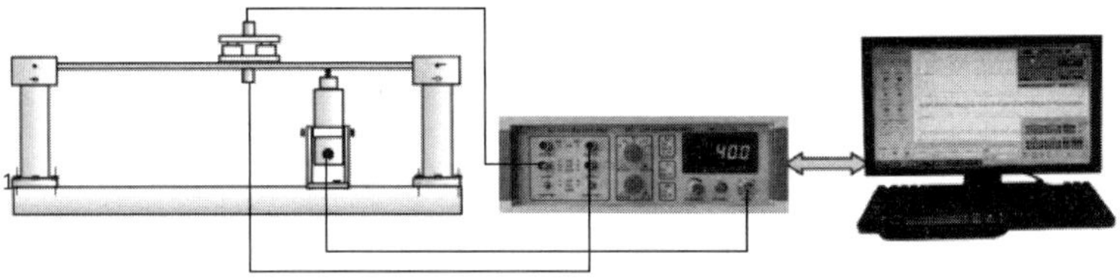

图 5-15 测试仪器连接示意图

三、试验原理

本试验采用在电动式激振器激励下振动的简支梁模拟地基,用质量块 m 模拟隔振的仪器设备,测试仪器连接图如图 5-15 所示。

振动隔离是消除与减小振动危害的重要途径之一。在厂矿,振源通常是振动幅度较大的机器设备,振源的振动通过地基传至周围环境和仪器设备。对于精密仪器设备,为了使外界振动尽可能少地传到系统中,需将它与地基隔离,称为被动隔振或消极隔振。

被动隔振是为了防止周围环境的振动通过机脚、支座传至需要保护的精密仪器和设备,故又称为防护隔振,其目的是隔离或减小振动的传递,也就是隔离响应,使精密仪器和设备不受机座运动引起的振动的影响。

被动隔振的力学模型如图 5-16 所示,被隔振的设备置于减振器上,将设备与振动的地基隔离。设备的质量为 m，减振器的刚度为 k，阻尼系数为 c。

被动隔振的振源是地基。被动隔振的效果可用隔振系数或隔振效率来反映。其定义式为：

$$\eta=\frac{A_2}{A_1} \tag{5-29}$$

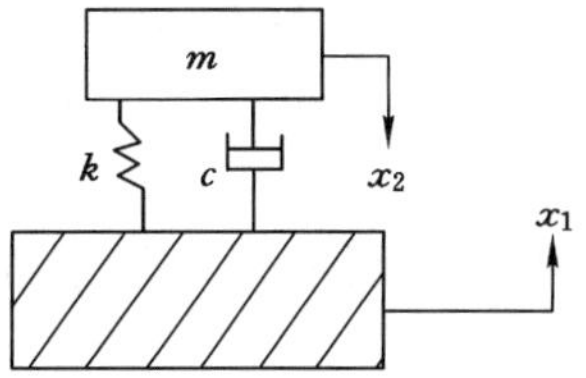

图 5-16　被动隔振的力学模型

式中，A_2 为设备隔振后的振幅值；A_1 为振源振幅。

隔振效率：

$$E=(1-\eta)\times 100\% \tag{5-30}$$

若振源为地基的垂直简谐振动，$x_1=A_1\sin(\omega t)$，由振动理论可知：

$$\eta=\frac{A_2}{A_1}=\frac{\sqrt{1+(2\xi\lambda)^2}}{\sqrt{(1-\lambda^2)+(2\xi\lambda)^2}} \tag{5-31}$$

式中，阻尼比 $\xi=\frac{1}{2\pi}\ln\frac{A_1}{A_2}$。

$$频率比\ \lambda=\frac{激振频率}{隔振系统固有频率}=\frac{f_1}{f_0} \tag{5-32}$$

当 $0<\lambda<\sqrt{2}$ 时，$\eta>1$，即 $A_2>A_1$，隔振器没有起隔振作用。

当 $\lambda>\sqrt{2}$ 时，即 $A_2<A_1$，隔振器起到了隔振作用。

当 λ 趋于 1 时，即 $f_1=f_0$，振动幅值很大，这一现象称为共振。共振时，被隔离体不可能正常工作。$\lambda=0.8\sim1.2$，为共振区，消除振动（共振）必须减小或增大 5％的频率，所以无论阻尼大小，只有当 $\lambda>\sqrt{2}$ 时，隔振器才起作用，隔振系统的值才小于 1。因此，要达到隔振目的，弹性支承固有频率 f_0 的选择必须满足 $f_1/f_0>\sqrt{2}$。

当 $f_1/f_0>\sqrt{2}$ 时，随着频率比的不断增大，隔振系数越来越小，即隔振效果越来越好。但 f_1/f_0 不宜过大，因为 f_1/f_0 大，意味着隔振装置要设计得很柔软，静挠度很大，相应的体积很大，并且安装的稳定性也差，容易摇晃。

四、试验步骤

(1) 仪器安装。把由空气阻尼器(1 kg)和质量块组成的弹簧质量系统固定在梁中部，速度传感器放在上面，接入 INV1601 型测振仪的第一通道的速度传感器输入端。压电加速度传感器放在梁的下面，接入 INV1601 型测振仪的第二通道的压电加速度传感器输入端，挡位放在压电加速度的 v 速度挡。

(2) 开机进入 INV1601 型测振仪 DASP 软件的主界面，选择双通道按钮。进入双通道示波状态进行波形和频谱同时示波。

(3) 在采样参数菜单中推荐设置：采样频率为 500 Hz，程控 1 倍、采样点数 2 000、工程单位 μm。输入传感器的标定值。

(4) 调节 INV1601 型测振仪的频率调节旋钮和功率输出旋钮，使梁产生共振，从频率计中读取频率值f_0及第一通道的振幅的峰值A_1和第二通道的振幅的峰值A_2。

(5) 改变激振频率，分别测量$f_0<f<\sqrt{2}f_0$、$\sqrt{2}f_0<f<3f_0$、$3f_0<f<6f_0$、$6f_0<f<10f_0$、$f>10f_0$时，上下传感器的振动幅度。

(6) 根据所测幅值计算隔振系数和隔振效率。

五、试验结果和分析

(1) 试验数据

将试验数据列入表 5-6。

表 5-6

频率范围	频率 f	第一通道振幅A_1	第二通道振幅A_2	隔振系数 η	隔振效率 E
$f=f_0$					
$f_0<f<\sqrt{2}f_0$					
$\sqrt{2}f_0<f<3f_0$					
$3f_0<f<6f_0$					
$6f_0<f<10f_0$					
$f>10f_0$					

(2) 通过共振现象测量系统的固有频率，并计算频率比 λ。频率比 λ 是否越大越好，为什么？

(3) 根据试验数据和计算结果绘制隔振效率和频率比的关系曲线，即 E-λ 关系曲线。

第六节　多自由度系统各阶固有频率测试

一、试验目的

(1) 学习建立多自由度系统模型。

(2) 学习用共振法确定多自由度系统的各阶固有频率和振型。

(3) 学习多自由度系统参数和振型的计算与测试。

二、试验仪器及安装示意图

试验仪器：INV1601 型振动教学试验仪、INV1601 型振动教学试验台、非接触式激振器、电涡流传感器、三自由度钢丝质量系统、配重块。

软件：INV1601 型测振仪 DASP 软件。

试验仪器安装示意图如图 5-17 所示。

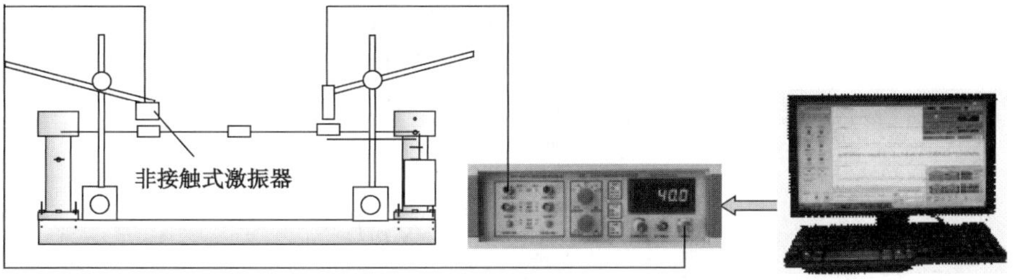

图 5-17　试验仪器安装示意图

三、试验原理

通过两自由度模态的试验，大家对什么是自由度和模态已经有一个比较清楚的认识，当系统的自由度是多个时，是否还存在上述的同步运动解？回答是肯定的。那么又如何求解？下面进行分析。同样由特征行列所确定的方程确定了固有频率，只不过其固有频率不是 2 个，而是多个，模态向量相应的为多维向量。每一个固有频率对应的模态向量$\{u\}$由式(5-33)确定。

$$([K]-\omega^2[M])\{u\}=0 \tag{5-33}$$

式中，$[K]$，$[M]$分别为系统的刚度矩阵、质量矩阵。

下面以本次试验中的三自由度系统为例说明其求解过程。

如图 5-14 所示三自由度无阻尼系统，集中质量块 $m_A=m_B=m_C=m$，弦长度为 L，弦上拉力为 T。其运动的微分方程为：

$$[M]\{\ddot{Y}\}+[K]\{Y\}=\{0\} \tag{5-34}$$

式中，

$$[M]=\begin{bmatrix} m & & \\ & m & \\ & & m \end{bmatrix},[K]=\begin{bmatrix} 8T/L & -4T/L & 0 \\ -4T/L & 8T/L & -4T/L \\ 0 & -4T/L & 8T/L \end{bmatrix}$$

其对应的特征行列式方程为：

$$|[K]-\omega^2[M]|=0 \tag{5-35}$$

将行列式展开为：

$$(8T/L-\omega^2 m)\begin{vmatrix}8T/L-\omega^2 m & -4T/L \\ -4T/L & 8T/L-\omega^2 m\end{vmatrix}+4T/L\begin{vmatrix}-4T/L & -4T/L \\ 0 & 8T/L-\omega^2 m\end{vmatrix}=0$$

$$(8T/L-\omega^2 m)[(8T/L-\omega^2 m)^2-(4T/L)^2]+(4T/L)(-4T/L)(8T/L-\omega^2 m)=0$$

解得：

$$\omega_1^2=\frac{8T}{mL}-\frac{4\sqrt{2}\,T}{mL},\omega_2^2=8T/mL,\omega_3^2=\frac{8T}{mL}+\frac{4\sqrt{2}\,T}{mL}$$

$$f_1=\frac{\omega_1}{2\pi}=\frac{1.530\ 7}{2\pi}\sqrt{\frac{T}{mL}}$$

$$f_2=\frac{\omega_2}{2\pi}=\frac{2\sqrt{2}}{2\pi}\sqrt{\frac{T}{mL}}$$

$$f_3=\frac{\omega_3}{2\pi}=\frac{3.695\ 52}{2\pi}\sqrt{\frac{T}{mL}}$$

当 $\omega_1^2=\frac{8T}{mL}-\frac{4\sqrt{2}\,T}{mL}$ 时，解得其模态振型为：

$$\varphi_1=\begin{Bmatrix}1\\ \sqrt{2}\\ 1\end{Bmatrix}$$

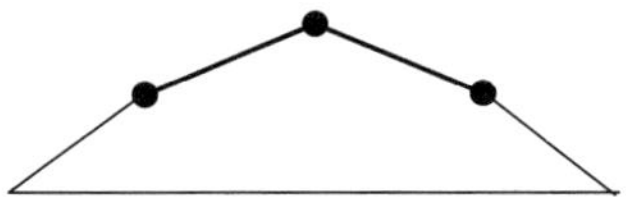

当 $\omega_2^2=\frac{8T}{mL}$ 时，解得其模态振型为：

$$\varphi_2=\begin{Bmatrix}1\\ 0\\ -1\end{Bmatrix}$$

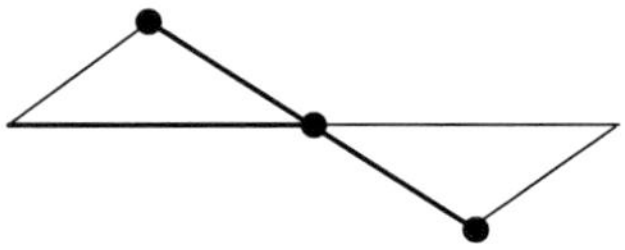

当 $\omega_3^2=\frac{8T}{mL}+\frac{4\sqrt{2}\,T}{mL}$ 时，解得其模态振型为：

$$\varphi_3=\begin{Bmatrix}1\\ -\sqrt{2}\\ 1\end{Bmatrix}$$

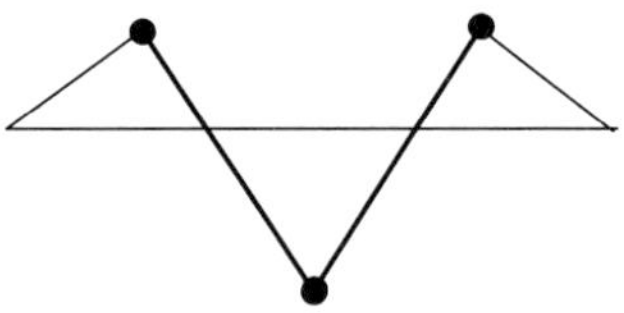

四、试验步骤

(1) 仪器安装。为了不对系统增加附加质量，采用了非接触式电涡流传感器。电涡流传感器探头部分距离测试表面约 2 mm。钢丝的配重为 2.5 kg。非接触式激振器的输入线接到功放输出端。参考图 5-14 连接仪器和传感器。

3 个小质量块(6 g)分别固定在支承钢丝长度的 1/4 处、1/2 处和 3/4 处，非接触式激振器和电涡流传感器分别对着一个质量块，拧紧固定螺钉。

（2）开机进入 INV1601 型测振仪 DASP 软件的主界面，按“单通道”进行波形和频谱同时示波。

（3）在“采样参数”设置中推荐设置：采样频率为 500 Hz，程控 1 倍、采样点数 2 000、工程单位 μm。

（4）打开“幅值计”按钮，调节 INV1601 型测振仪前面板的频率调节旋钮，当质量块第 1 次振动幅度最大时，在左窗口中读取频率值并记录。

（5）继续调节，当质量块第 2 次振动幅度最大时，在左窗口中读取频率值并记录。

（6）继续调节，当质量块第 3 次振动幅度最大时，在左窗口中读取频率值并记录。

五、试验结果和分析

（1）不同张力时各阶固有频率的理论值与实测值见表 5-7。

表 5-7

<table>
<tr><th colspan="2" rowspan="2">试验次数</th><th colspan="3">频率</th><th rowspan="2">配重拉力
[m(kg)×9.81=　　N]</th><th rowspan="2">质量块的
质量/g</th><th rowspan="2">支承钢丝
长度/m</th></tr>
<tr><th>一阶</th><th>二阶</th><th>三阶</th></tr>
<tr><td rowspan="2">1</td><td>理论值</td><td></td><td></td><td></td><td rowspan="2"></td><td rowspan="2">6</td><td rowspan="2">0.68</td></tr>
<tr><td>实测值</td><td></td><td></td><td></td></tr>
<tr><td rowspan="2">2</td><td>理论值</td><td></td><td></td><td></td><td rowspan="2"></td><td rowspan="2">6</td><td rowspan="2">0.68</td></tr>
<tr><td>实测值</td><td></td><td></td><td></td></tr>
<tr><td rowspan="2">3</td><td>理论值</td><td></td><td></td><td></td><td rowspan="2"></td><td rowspan="2">6</td><td rowspan="2">0.68</td></tr>
<tr><td>实测值</td><td></td><td></td><td></td></tr>
</table>

（2）绘制观察到的多自由度系统振型曲线。

（3）将理论计算得到的各阶固有频率、理论振型与实测固有频率、实测振型相比较，是否一致？产生误差的原因是什么？

第七节　变时基锤击法简支梁模态测试

一、试验目的

（1）学习模态分析原理。

（2）学习模态测试方法。

(3) 学习变时基的原理和应用。

二、试验仪器及安装示意图

试验仪器：INV1601 型振动教学试验仪、INV1601 型振动教学试验台、加速度传感器力锤。

软件：INV1601 型测振仪 DASP 软件。

仪器连接示意图如图 5-18 所示。

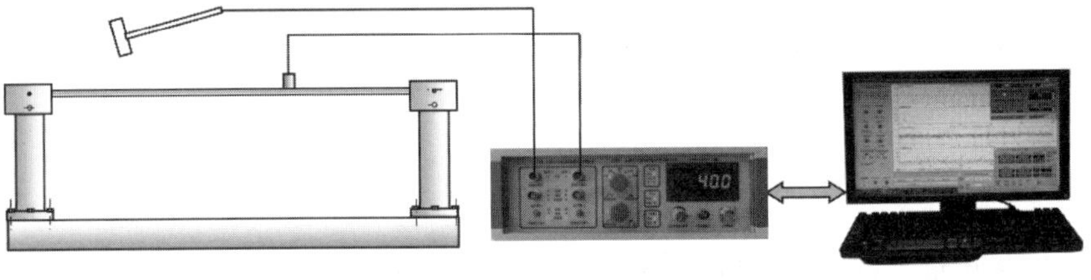

图 5-18　仪器连接示意图

三、试验原理

(1) 模态分析基本原理

工程实际中的振动系统都是连续弹性体，其质量与刚度具有分布的性质，只有掌握无限多个点在每个瞬间的运动情况，才能全面描述系统的振动。通常采用简化的方法，归结为有限个自由度的模型来进行分析。如果简化的系统模型中有 n 个集中质量，则便是一个具有 n 个自由度的系统，需要 n 个独立坐标来描述其运动情况。系统的运动方程是一个二阶互相耦合(联立)的常微分方程。

一个结构的动态特性可由 N 阶矩阵微分方程描述：

$$\boldsymbol{M}\ddot{\boldsymbol{x}}+\boldsymbol{C}\dot{\boldsymbol{x}}+\boldsymbol{K}\boldsymbol{x}=\boldsymbol{f}(t) \tag{5-36}$$

式中，$\boldsymbol{f}(t)$为 N 维激振力向量；$\ddot{\boldsymbol{x}}$，$\dot{\boldsymbol{x}}$，$\boldsymbol{x}$ 分别为 N 维位移、速度和加速度响应向量；$\boldsymbol{M}$，$\boldsymbol{K}$，$\boldsymbol{C}$ 分别为结构的质量、刚度和阻尼矩阵，通常为实对称 N 阶矩阵。

设系统的初始状态为 0(线性系统)，对方程式两边进行拉普拉斯变换，可以得到以复数 s 为变量的矩阵代数方程：

$$[\boldsymbol{M}s^2+\boldsymbol{C}s+\boldsymbol{K}]\boldsymbol{X}(s)=\boldsymbol{F}(s) \tag{5-37}$$

式中的矩阵

$$\boldsymbol{Z}(s)=[\boldsymbol{M}s^2+\boldsymbol{C}s+\boldsymbol{K}] \tag{5-38}$$

反映了系统动态特性，称为系统动态矩阵或广义阻抗矩阵。其逆矩阵

$$\boldsymbol{H}(s)=[\boldsymbol{M}s^2+\boldsymbol{C}s+\boldsymbol{K}]^{-1} \tag{5-39}$$

称为广义导纳矩阵，也就是传递函数矩阵。由式(5-37)可知：

$$\boldsymbol{X}(s)=\boldsymbol{H}(s)\boldsymbol{F}(s) \tag{5-40}$$

式(5-40)中令 $s=j\omega$，即可得到系统在频域中输出[响应向量 $X(\omega)$]和输入[激振向量 $\boldsymbol{F}(\omega)$]的关系式：

$$\boldsymbol{X}(\omega)=\boldsymbol{H}(\omega)\boldsymbol{F}(\omega) \tag{5-41}$$

式中，$\boldsymbol{H}(\omega)$为频率响应函数矩阵。

$\boldsymbol{H}(\omega)$矩阵中第 i 行第 j 列的元素

$$H_{ij}(\omega)=\frac{X_i(\omega)}{F_j(\omega)} \tag{5-42}$$

等于仅在 j 坐标激振(其余坐标激振力为 0)时，i 坐标响应与激振力之比。

式(5-38)中令 $s=j\omega$，可得阻抗矩阵：

$$\boldsymbol{Z}(\omega)=(K-\omega^2 M)+j\omega C \tag{5-43}$$

利用实对称矩阵的加权正交性，有：

$$\boldsymbol{\Phi}^{\mathrm{T}}\boldsymbol{M}\boldsymbol{\Phi}=\begin{bmatrix} m_1 & & \\ & \ddots & \\ & & m_N \end{bmatrix}$$

$$\boldsymbol{\Phi}^{\mathrm{T}}\boldsymbol{K}\boldsymbol{\Phi}=\begin{bmatrix} k_1 & & \\ & \ddots & \\ & & k_N \end{bmatrix}$$

其中矩阵 $\boldsymbol{\Phi}=[\varphi_1,\varphi_2,\cdots,\varphi_N]$，称为振型矩阵，假设阻尼矩阵 $\boldsymbol{C}$ 也满足振型正交性关系

$$\boldsymbol{\Phi}^{\mathrm{T}}\boldsymbol{C}\boldsymbol{\Phi}=\begin{bmatrix} c_1 & & \\ & \ddots & \\ & & c_N \end{bmatrix}$$

代入式(5-43)得到：

$$\boldsymbol{Z}(\omega)=\boldsymbol{\Phi}^{-\mathrm{T}}\begin{bmatrix} z_1 & & \\ & \ddots & \\ & & z_N \end{bmatrix}\boldsymbol{\Phi}^{-1}$$

式中，$z_r=(k_r-\omega^2 m_r)+j\omega c_r$。

因此有：

$$\boldsymbol{H}(\omega)=\boldsymbol{Z}(\omega)^{-1}=\boldsymbol{\Phi}\begin{bmatrix} z_1 & & \\ & \ddots & \\ & & z_N \end{bmatrix}\boldsymbol{\Phi}^{\mathrm{T}}$$

$$H_{ij}(\omega)=\sum_{r=1}^{N}\frac{\varphi_{ri}\varphi_{rj}}{m_r[(\omega_r^2-\omega^2)+j^2\xi_r\omega_r\omega]}$$

式中，m_r，k_r分别称为第 r 阶模态质量和模态刚度（又称为广义质量和广义刚度）；ω_r，ξ_r，φ_r分别称为第 r 阶模态频率、模态阻尼比和模态振型。

不难发现，N 个自由度系统的频率响应，等于 N 个单自由度系统频率响应的线性叠加。为了确定全部模态参数ω_r、ξ_r和 φ_r（$r=1,2,\cdots,N$），实际上只需测量频率响应矩阵的一列[对应一点激振，各点测量的 $H(\omega)$]或一行[对应依次各点激振，一点测量的 $H(\omega)^{\mathrm{T}}$]就够了。

试验模态分析或模态参数识别的任务是由一定频段内的实测频率响应函数数据，确定系统的模态参数——模态频率ω_r、模态阻尼比ξ_r和振型φ_r，$\varphi_r=(\varphi_{r1},\varphi_{r2},\cdots,\varphi_{rN})^{\mathrm{T}}$，$r=1,2,\cdots,n$（$n$ 为系统在测试频段内的模态数）。

2. 变时基方法的应用

在进行瞬态激励信号与响应信号采样时，激励与响应之间，特征时间与特征频率的差异太大，激励是毫秒级的，响应是几百毫秒级到秒级。如果采用等时基传递函数进行瞬态激励传函分析时就存在频率分辨力（采样频率越低，分辨力越高）和时域波形精度（采样频率越高，时域波形精度越高）这一对无法克服的矛盾体。“变时基”就可以解决这一问题。

变时基的原理：用较高的频率对力脉冲进行采样，用较低的频率对响应信号进行采样，两个采样频率的倍数就是变时倍数。

四、试验步骤

简支梁如图 5-19 所示，长（x 轴方向）680 mm，宽（y 轴方向）50 mm，高（z 轴方向）8 mm。使用多点敲击、单点响应方法进行 z 轴方向的振动模态分析，可按以下步骤进行。

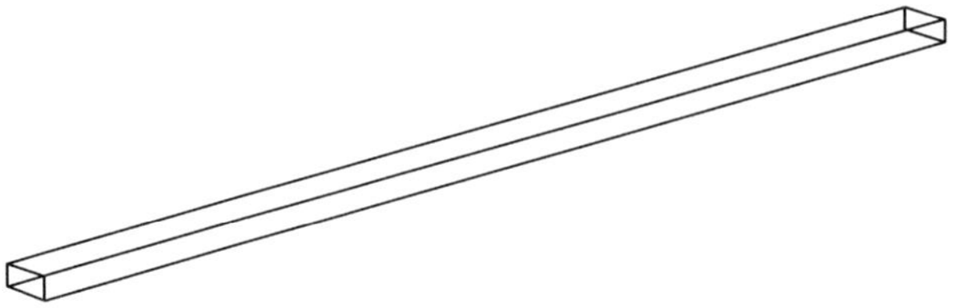

图 5-19　梁示意图

1. 测点的确定

简支梁在 y 轴、z 轴方向尺寸和 x 轴方向尺寸相差较大，可以简化为杆件，

所以仅在 x 轴方向顺序布置若干敲击点(本例采用多点移步敲击,单点响应方法)。敲击点的数量视要得到的模态的阶数而定,敲击点数量大于所要求的阶数。本次试验中在 x 轴方向把梁分成 16 等份,即可以布置 17 个测点。选取拾振点时要尽量避免拾振点在模态振型的节点上,此处取拾振点在第 6 个敲击点处(或选取第 3 个点作为拾振点),如图 5-20 所示。

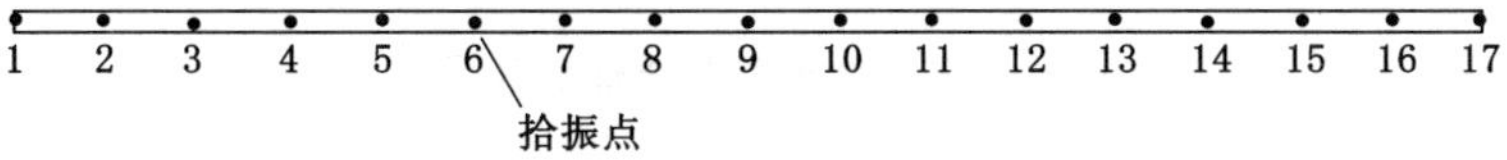

图 5-20　梁的测点分布示意图

2. 仪器连接

仪器连接如图 5-21 所示,其中力锤上的传感器接 INV1601 型测振仪的第一通道,压电加速度传感器接 INV1601 型测振仪的第二通道。

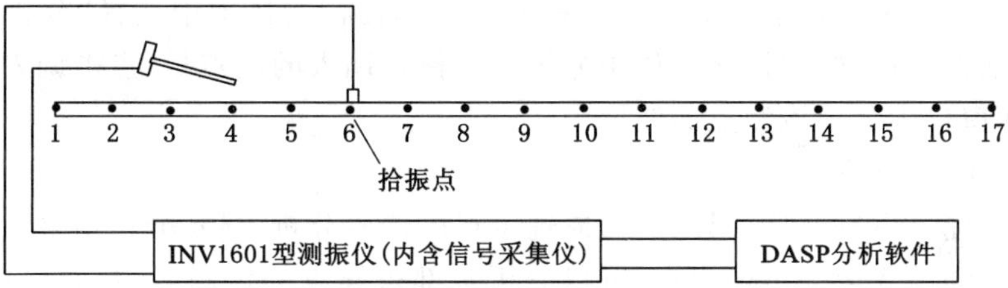

图 5-21　仪器连接及传感器分布示意图

3. 结构生成

仪器连接好后,启动 INV1601 型测振仪 DASP 软件,选择"模态教学"按钮,进入模态分析教学系统界面。在左上方的选择项中选择"结构",选择并设置结构参数。

设置好参数后,可以在右面窗口中显示当前简支梁的图形和节点分布情况。根据节点分布情况,将梁按图 5-22 分布测点。

4. 参数设置与采样

在左上方的"结构-采样-分析-动画"选择项中选择"采样",进入采样界面。

在测量设置中设置传感器类型、总测点数和原点导纳位置。总测点数根据结构自动读取,不可更改,原点导纳位置为拾振点位置。

在多次触发采样设置中设置每个测点触发采样次数,变时基倍数为 4。

用力锤敲击各个测点,观察有无波形,如果有 1 个或 2 个通道无波形或波形不正常,就要检查仪器连接是否正确,导线是否接通,传感器、仪器的工作是否正

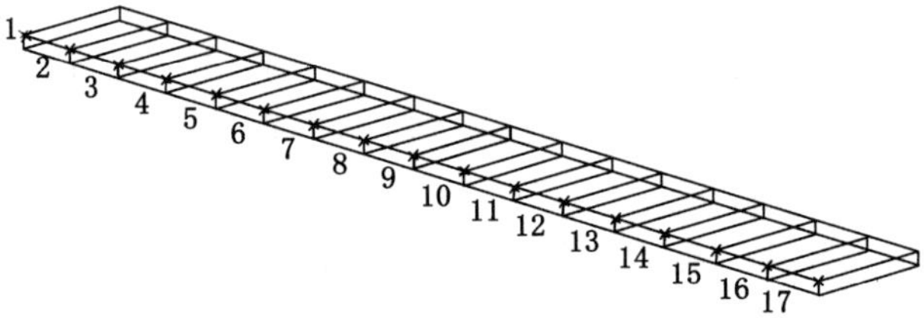

图 5-22　梁的节点分布示意图

常等，直至示波波形正确为止。

采样类型设为：变时基；单位类型设为：第一通道的工程单位设为：N（牛顿），第二通道的工程单位设为：m/s^2（加速度）。

5. 分析

（1）调采样数据

采样完成后在左上方的“结构-采样-分析-动画”选择项中选择“分析”，打开分析对话框，对采样数据进行传函分析。选择要调入的测点号，点击调入波形按钮，右面窗口中显示该测点的波形。

（2）传函分析

设置完成后进行传函计算，完成选定点的传函分析，显示分析结果。

按自动计算全部传函按钮，可以分析全部采样点的传函，计算完成后提示：“所有测点的传函计算完毕！”

（3）模态拟合

采用集总平均的方法进行模态定阶，按开始模态定阶显示集总平均后的结果，收取该阶频率，依次收取各阶峰值，点击保存按钮存盘。如果收取有误，可点击清除按钮清除当前结果。

（4）振型编辑

质量归一和振型归一两种方式根据需要任选，本次试验选择质量归一，完成后显示：模态振型编辑完毕。

（5）动画显示

在左上方的“结构-采样-分析-动画”选择项中选择“动画”进行结果振型动画显示。

五、试验结果和分析

1. 记录模态参数

将模态参数记录于表 5-8 中。

表 5-8

模态参数	第一阶	第二阶	第三阶	第四阶	第五阶
频率					
质量					
刚度					
阻尼					

2. 打印各阶模态振型投影图。

3. 模态分析的应用有哪些？阐述变时基的原理及基本应用方法。

第六章　流体力学综合试验

第一节　点压强测量及测压管水头验证

一、试验目的

(1) 掌握用测压管测量流体静压强的技能。

(2) 验证不可压缩流体静力学的基本方程。

(3) 测定油的密度。

(4) 通过对诸多流体静力学现象的试验观察分析，加深对流体静力学基本概念的理解，提高解决静力学实际问题的能力。

二、试验装置

1. 试验装置简图

流体静力学综合试验装置如图 6-1 所示。

说明：下述仪器部件编号均指试验装置图中的编号，如测管 2 即图 6-1 中带标尺测压管。后述各试验中述及的仪器部件编号也均指相应试验装置图中的编号。

2. 装置说明

(1) 流体测点静压强的测量方法之一——测压管。

流体的流动要素有压强、水位、流速、流量等。压强的测量方法有机械式测量方法与电测法，测量的仪器有静态测量仪器。测压管是一端连通于流体被测点，另一端开口于大气的透明管，适用于测量流体测点的静态低压范围的相对压强，测量精度为 1 mm。测压管分为直管形和 U 形。直管形如图 6-1 中管 2 所示，其测点压强 $p=\rho gh$，h 为测压管液面至测点的竖直高度。U 形如图 6-1 中管 1 与管 8 所示。直管形测压管要求液体测点的绝对压强大于当地大气压强，否则因气体流入测点而无法通压；U 形测压管可测量液体测点的负压，例如管 1 中

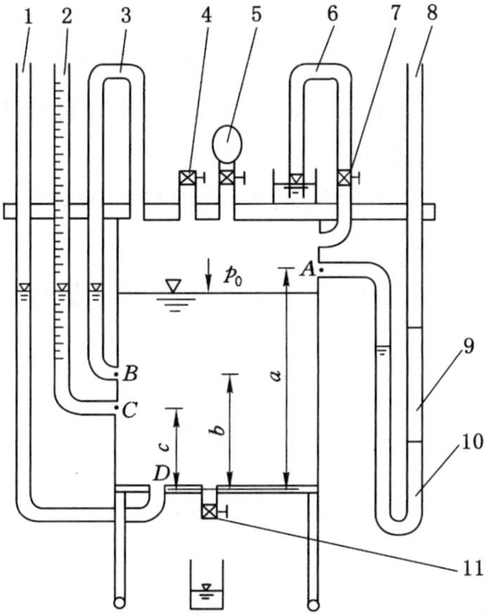

1—测压管；2—带标尺测压管；3—连通管；4—通气阀；5—加压打气球；
6—真空测压管；7—截止阀；8—U 形测压管；9—油柱；10—水柱；11—减压放水阀。

图 6-1　流体静力学综合试验装置图

当测压管液面低于测点时的情况；U 形测压管还可以测量气体的点压强，如管 8 所示。一般 U 形管中为单一液体(本装置因其他试验需要，在管 8 中装有油和水两种液体)，测点气压 $p=\rho g\Delta h$，Δh 为 U 形测压管两液面的高度差，当管中接触大气的自由液面高于另一液面时 Δh 为“+”，反之 Δh 为“−”。由于受毛细管影响，测压管内径应大于 8～10 mm。本装置采用毛细现象弱于玻璃管的透明有机玻璃管作为测压管，内径为 8 mm，毛细高度仅为 1 mm。

(2) 恒定液位测量方法之一——连通管。测量液体恒定水位的连通管属于机械式静态的测量仪器。连通管是一端连接于被测液体，另一端开口于被测液体表面空腔的透明管(管 3)。敞口容器中的测压管也是测量液位的连通管。连通管中的液体直接显示了容器中的液位，用 mm 刻度标尺即可测得水位值。本装置中连通管与各测压管同为等径透明有机玻璃管。液位测量精度为 1 mm。

(3) 所有测试过液面标高均以带标尺测压管 2 的零点高程为基准。

(4) 测点 B,C,D 位置高程的标尺读数值分别以∇_B，∇_C，∇_D 表示，若同为去标尺零点作为静力学基本方程的基准，则∇_B，∇_C，∇_D 也为Z_B，Z_C，Z_D。

(5) 本仪器中所有阀门旋柄均以顺管轴线为开。

3. 基本操作方法

① 设置$p_0=0$条件。打开通气阀 4,此时试验装置$p_0=0$。

② 设置$p_0>0$条件。关闭通气阀 4、放水阀 11,通过加压打气球 5 对装置打气,可对装置内部加压形成正压。

③ 设置$p_0<0$条件。关闭通气阀 4、加压打气球 5 底部阀门,开启放水阀 11 放水,可对装置内部减压,形成真空。

④ 水箱液位测量。在$p_0=0$条件下读取测压管 2 的液位值,即水箱液位值。

三、试验原理

1. 在重力作用下不可压缩流体静力学基本方程

$$z+\frac{p}{\rho g}=C \quad 或 \quad p=p_0+\rho g h$$

式中 z——被测点相对基准面的位置高度;

p——被测点的静水压强(用相对压强表示,以下同);

p_0——水箱中液面的表面压强;

ρ——液体密度;

h——被测点的液体深度。

2. 油密度测量原理

方法一:测油的密度ρ_0,简单的方法是利用图 6-1 试验装置的 U 形测压管 8,再另备 1 根直尺进行直接测量。试验时需要打开通气阀 4,使$p_0=0$。若水的密度ρ_w为已知值,如图 6-2 所示,由等压面原理有$\frac{\rho_0}{\rho_w}=\frac{h_1}{H}$。

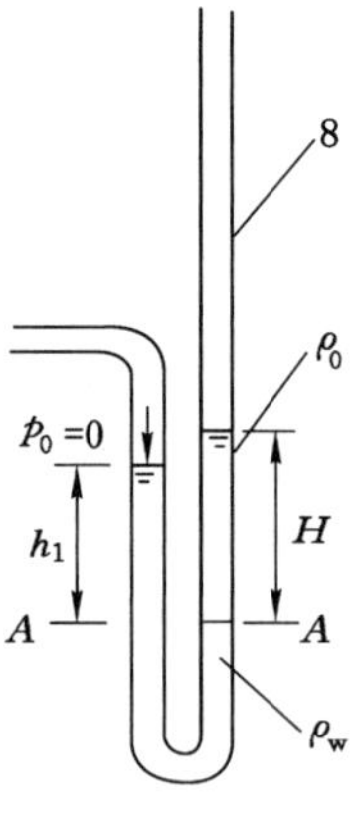

图 6-2 油密度测量方法一

方法二:不另备测量尺,只利用图 6-1 中测压管的自带标尺测量。先用加压打气球 5 打气加压使 U 形测压管中的水面与油水交界面齐平,如图 6-3(a)所示,有$p_{01}=\rho_w g h_1=\rho_0 g H$,再打开减压放水阀降压,使 U 形测压管中的水面与油面齐平,如图 6-3(b)所示,则有:

$$p_{02}=-\rho_w g h_2=\rho_0 g H-\rho_w g H$$

则有:

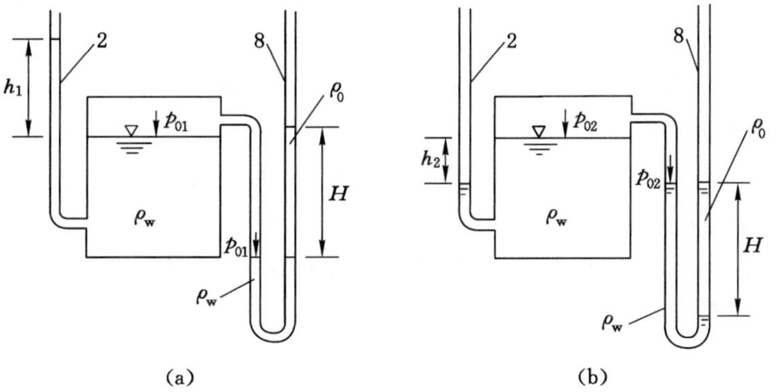

图 6-3　油密度测量方法二

$$\frac{\rho_0}{\rho_w}=\frac{h_1}{h_1+h_2}$$

四、试验内容和方法

1. 定性分析试验

(1) 测压管和连通管判定

按照测压管和连通管的定义，试验装置中管 1,2,6,8 都是测压管，当通气阀关闭时，管 3 无自由液面，是连通管。

(2) 测压管高度、压强水头、位置水头和测压管水头判定

测点的测压管高度即压强水头$\frac{p}{\rho g}$，不随基准面的选择而变，位置水头 z 和测压管水头 $z+\frac{p}{\rho g}$ 随基准面选择而变。

(3) 观察测压管水头线

测压管液面的连线为测压管水头线。打开通气阀 4，此时 $p_0=0$，那么管 1,2,3 均为测压管，由这 3 根管液面的连线可以看出：对于同一静止液体，测压管水头线是一条水平线。

(4) 判别等压面

关闭通气阀 4，打开截止阀 7，用打气球 5 稍加压，使$\frac{p_0}{\rho g}$为 0.02 m 左右，判别下列几个平面是不是等压面：

① 过 C 点作一水平面，相对于管 1,2,8 及水箱中液体而言，这个水平面是不是等压面？

② 过U形管8中的有水分界面作一水平面，对于管8中液体而言，这个水平面是不是等压面？

③ 过管6中的液面作一水平面，对于管6中的液体和方盒中的液体而言，该水平面是不是水平面？

根据等压面判别条件——质量力只有重力，并且满足静止、连续、均质和液面同一水平面，因此可判定上述②③是等压面。在①中，相对管1,2及水箱中液体而言，它是等压面，但相对管8中的水或油来讲，都不是同一等压面。

(5) 观察真空现象

打开放水阀11降低箱内压强，使测管2的液面低于水箱液面，这时箱体内$p_0<0$，再打开截止阀7，在大气压力作用下，管6中的液面就会升到一定高度，说明箱体内出现真空区域(即负压强区域)。

(6) 观察负压下管6中液位变化

关闭通气阀4，开启截止阀7和放水阀11，待空气自管2进入圆通后，观察管6中的液面变化。

2. 定量分析试验

(1) 测点静压强测量

根据基本操作方法，分别在$p_0=0$，$p_0>0$，$p_0<0$与$p_B<0$条件下测量水箱液面标高∇_0和测压管2液面标高∇_H，分别确定测点A,B,C,D的压强p_A，p_B，p_C，p_D。

(2) 油的密度测定拓展试验

按试验原理，分别用方法一与方法二测定油的密度。

五、数据处理及成果要求

1. 记录有关信息及试验常数

试验设备名称：　　　　　　　　　试验台号：

试验者：　　　　　　　　　　　　试验日期：

各测点高程为：$\nabla_B=\quad\times10^{-2}$ m，$\nabla_C=\quad\times10^{-2}$ m，$\nabla_D=\quad\times10^{-2}$ m。

基准面选在$z_C=\quad\times10^{-2}$ m，$z_D=\quad\times10^{-2}$ m。

2. 试验数据记录及计算结果

参见表6-1和表6-2。

3. 成果要求

① 回答定性分析试验中的有关问题。

② 由表 6-1 中计算的 $z_C+\dfrac{p_C}{\rho g}$，$z_D+\dfrac{p_D}{\rho g}$，验证流体静力学基本方程。

③ 测定油的密度，对两种试验结果进行比较（表 6-2）。

表 6-1　流体静压强测定记录及计算表

试验条件	次序	水箱液面 ∇_0 $/10^{-2}$ m	测压管液面 ∇_H $/10^{-2}$ m	压强水头				测压管水头	
				$\dfrac{p_A}{\rho g}=\nabla_H-\nabla_0$ $/10^{-2}$ m	$\dfrac{p_B}{\rho g}=\nabla_H-\nabla_B$ $/10^{-2}$ m	$\dfrac{p_C}{\rho g}=\nabla_H-\nabla_C$ $/10^{-2}$ m	$\dfrac{p_D}{\rho g}=\nabla_H-\nabla_D$ $/10^{-2}$ m	$z_C+\dfrac{p_C}{\rho g}$ $/10^{-2}$ m	$z_D+\dfrac{p_D}{\rho g}$ $/10^{-2}$ m
$p_0=0$	1								
$p_0>0$	1								
	2								
$p_0<0$（其中 1 次 $p_B<0$）	1								
	2								
	3								

表 6-2　油的密度测定记录及计算表

条件	次序	水箱液面 ∇_0 $/10^{-2}$ m	测压管 2 液面 ∇_H $/10^{-2}$ m	$h_1=\nabla_H-\nabla_0$ $/10^{-2}$ m	$\overline{h}_1$ $/10^{-2}$ m	$h_2=\nabla_0-\nabla_H$ $/10^{-2}$ m	$\overline{h}_2$ $/10^{-2}$ m	$\dfrac{\rho_0}{\rho_w}=\dfrac{\overline{h}_1}{\overline{h}_1+\overline{h}_2}$
$p_0>0$，且 U 形管中水面与油水交接面齐平	1							
	2							
	3							
$p_0<0$，且 U 形管中水面与油面齐平	1							
	2							
	3							

六、分析思考题

（1）相对压强与绝对压强以及相对压强与真空度之间有什么关系？测压管能测量何种压强？

（2）测压管太细会对测压管液面读数造成什么影响？

(3) 本仪器测压管内径为 0.8×10^{-2} m，圆筒内径为 2.0×10^{-1} m，仪器在加气增压后，水箱液面将下降 δ，而测压管液面将上升 H。试验时，若近似以 $p_0=0$ 时的水箱液面读数值作为加压后的水箱液位值，那么测量误差 δ/H 为多少？

七、注意事项

(1) 用打气球加压，减压需缓慢，以防液体溢出油柱吸附在管壁上；打气后务必关闭打气球下端阀门以防漏气。

(2) 在试验过程中，装置的气密性要求保持良好。

第二节　沿程水头损失试验

一、试验目的

(1) 学会测定管道沿程水头损失因数 λ 和管壁粗糙度 Δ 的方法。

(2) 分析圆管恒定流动的水头损失因数 λ 随着雷诺数 Re 变化的规律，验证沿程水头损失 h_f 与平均流速 v 的关系。

二、试验装置框图

1. 试验装置简图

沿程水头损失试验装置如图 6-4 所示。

2. 装置说明

① 水泵与稳压器。自循环高压恒定全自动供水器由水泵、压力自动限制开关、气-水压力罐式稳压器等组成。压力超高时能自动停机，过低时能自动开机。为避免因水泵直接向试验管道供水而造成的压力波动等影响，水泵的供水先进入稳压器的压力罐，稳压后再送向试验管道。

② 旁通管与旁通阀。由于供水泵设有压力自动限制开关，在供小流量时因压力过高，水泵可能出现断续自动停、开现象，为此设有旁通管及旁通阀 13，小流量试验时，通过旁通管分流可使水泵持续稳定运行。

③ 阀 11 用于调节层流试验流量；阀 12 用于检修，试验时始终全开；阀 13 层流时用于分流(全开)，湍流时用于调节试验流量。

④ 试验管道 7 为不锈钢管，其测压断面上沿十字形方向设有 4 个测压孔，经过均压环与测电管嘴连通。

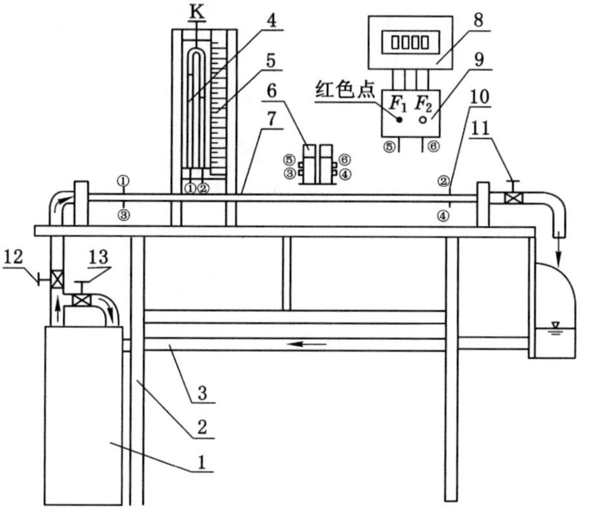

1—自循环高压恒定自动供水器；2—试验台；3—回水管；4—压差计；
5—滑动测量尺；6—稳压筒；7—试验管道；8—压差电测仪；9—压差传感器；10—测压点；
11—试验流量调节阀；12—供水管及供水阀；13—旁通管及旁通阀。

图 6-4　沿程水头损失试验装置

⑤ 本试验仪配有压差计 4(倒 U 形气-水压差计)和压差电测仪 8。压差电测仪 8 所测得的压差值均可等值转换为两个测点的测压管水头差，单位为 m。在测压点与测压计之间的连接软管上设有管夹，除湍流试验时管夹关闭外，其他操作时管夹均处于打开状态。

三、试验原理

① 对于通过直径不变的圆管的恒定水流，沿程水头损失由达西公式表达为：

$$h_f = \lambda \frac{l}{d} \frac{v^2}{2g} \tag{6-1}$$

式中　λ——沿程水头损失因数；

l——上、下游测量断面之间的管段长度；

d——管道直径；

v——断面平均流速。

若在试验中测得沿程水头损失 h_f 和断面平均流速，则可以直接求得沿程水头损失因数：

$$\lambda = \frac{2gd\ h_f}{l} \cdot \frac{1}{v^2} = \frac{2gd\ h_f}{l}\left(\frac{\frac{\pi}{4}d^2}{q_v}\right)^2 = k\frac{h_f}{{q_v}^2} \tag{6-2}$$

式中，

$$k=\frac{\pi^2 g\,d^2}{8l} \tag{6-3}$$

由伯努利方程可得：

$$h_f=(z_1+\frac{p_1}{\rho g})-(z_2+\frac{p_2}{\rho g})=\Delta h \tag{6-4}$$

沿程水头损失h_f为两个测点的测压管水头差 Δh，可用压差计或电测仪测得。

② 圆管层流运动。

$$\lambda=\frac{64}{Re}$$

③ 管壁平均当量粗糙度 Δ 在流动处于湍流过渡区或阻力平方区时测量，可由巴尔公式确定：

$$\frac{1}{\sqrt{\lambda}}=-2\lg[\frac{\Delta}{3.7d}+4.136\ 5(\frac{vd}{q_v})^{0.89}] \tag{6-5}$$

即

$$\Delta=3.7d\times[10^{-\frac{1}{2\sqrt{\lambda}}}-4.136\ 5(\frac{vd}{q_v})^{0.89}] \tag{6-6}$$

四、试验方法

(1) 试验前准备。

① 压差计连接管排气与压差计补气。启动水泵，全开阀 11 与 12，连续开关旁通阀 13 数次，待水从压差计顶部流过即可。若测压管内水柱过高需补气，全开阀门 11、12、13，打开压差计 4 顶部气阀 K，自动充气使压差计中的右管液位降至底部，立即拧紧气阀 K 即可。

② 传感器排气。关闭流量调节阀 11，先后将压差传感器 9 上的排气旋钮孔打开，使旋孔中出水，将两根引水管中空气排净后再旋紧。

③ 调节压差电测仪。在关闭阀 11 的情况下，管道中充满水但流速为 0，此时电测仪读数应为 0，若不为 0，可旋转电测仪面板上的调零电位器，使读值为 0。

(2) 试验过程操作。

① 调节流量：

a. 层流试验时，全开旁通阀 13，微调试验流量调节阀 11 来调节流量；

b. 湍流试验时，全开试验流量调节阀 11，调节旁通阀 13 来调节流量。

② 测量流量。流量采用称重法测量，用秒表计时，用电子秤称重。

③ 测压比。层流试验时，用压电计测量，流量调节后等待几分钟，稳定后再测量；湍流试验时，用管夹关闭压差计连通管，改用压差电测仪测量。

④ 由于水泵发热，水温持续升高，应先进行层流试验。层流状态下，温度低时（冬天），试验管道两点压差的最大值约为 30 mm，温度高时（夏天），最大值仅约为 20 mm。

⑤ 每次试验均必须测记水温。

(3) 分别在层流和湍流状态下测量流量、水温、压差各 4～6 次。试验数据处理参见表 6-3。

(4) 试利用图 6-1 所示试验仪器设计测定试验管段平均当量粗糙度 Δ 的试验。

五、试验结果与分析

1. 记录有关信息及试验常数

试验设备名称：　　　　　　　　　　试验台号：

试验者：　　　　　　　　　　　　　试验日期：

圆管直径 $d=$　　　　$\times 10^{-2}$ m　　测量段长度 $l=$　　　　$\times 10^{-2}$ m

2. 试验数据记录及计算成果

参见表 6-3。

表 6-3　沿程水头损失试验记录计算表

测次	体积 V /($\times 10^{-6}$ m^3)	时间 t/s	流量 q_v /($\times 10^{-6}$ m^3/s)	水温 T /℃	黏度 ν /(10^{-4} m^2/s)	雷诺数 Re	测压管读数 /($\times 10^{-2}$ m)		沿程损失 h_f /($\times 10^{-2}$ m)	流速 v /($\times 10^{-2}$ m/s)	沿程损失因数 λ	$\lambda=\frac{64}{Re}$ ($Re<2\,300$)
							h_1	h_2				
1												
2												
3												
4												

表 6-3(续)

测次	体积 V /$\times10^{-6}$ m^3	时间 t/s	流量 q_v /($\times10^{-6}$ m^3/s)	水温 T /℃	黏度 ν /(10^{-4} m^2/s)	雷诺数 Re	测压管读数 /$\times10^{-2}$ m		沿程损失 h_f /$\times10^{-2}$ m	流速 v /($\times10^{-2}$ m/s)	沿程损失因数 λ	$\lambda=\frac{64}{Re}$ ($Re<2\ 300$)
							h_1	h_2				
5												
6												
7												
8												
9												
10												
11												

3. 成果要求

① 测定沿程水头损失因数 λ 值，分析沿程阻力损失因数 λ 随雷诺数的变化规律，并将结果与穆迪图比较，分析试验管路的粗糙度。

② 根据试验管道内流量和相应沿程损失值，绘制 $\lg v$-$\lg h_f$ 关系曲线，并确定其斜率 m，$m=\dfrac{\lg h_{f2}-\lg h_{f1}}{\lg v_2-\lg v_1}$。将从图上求得的 m 值与已知各流区的 m 值比较验证。

③ 完成设计性试验。

六、分析思考题

(1) 为什么压差计的水柱差就是沿程水头损失？试验管道倾斜安装是否影响试验成果？

(2) 为什么管壁平均当量粗糙度 Δ 不能在流动处于光滑区时测量？

七、注意事项

(1) 试验装置长期静置不用后再启动时，须在切断电源后先用螺丝刀顶住电动机轴端，将电动机转动几圈后方可通电启动。

(2) 试验时去掉水泵罩壳，以防泵体过热。

第三节　局部水头损失试验

一、试验目的

（1）学习掌握采用三点法、四点法测量局部阻力因数，并将突扩管的实测值与理论值比较，将突扩管的实测值与经验值比较。

（2）通过阀门局部阻力因数测量的设计性试验，学习二点法测量局部阻力因数方法。

二、试验装置

1. 试验装置图

试验装置及各部分名称如图 6-5 所示。

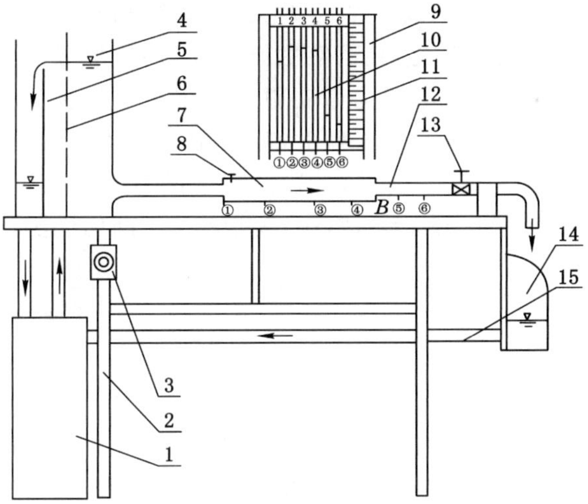

1—自循环高压恒定自动供水器；2—试验台；3—可控硅无级调速器；4—恒压水箱；5—溢流板；6—稳水孔板；7—圆管突然扩大；8—气阀；9—测压计；10—测压管①-⑥；11—滑动测量尺；12—圆管突然收缩；13—试验流量调节阀；14—回流接水斗；15—下回水管。

图 6-5　局部水头损失试验装置图

2. 装置说明

试验管道由圆管突扩、突缩等管段组成，各管段直径已知。在试验管道上共设有 6 个测压点，测点 1～3 和测点 3～6 分别用以测量突扩和突缩的局部阻力因数。其中，测点1位于突扩的起始界面处，这里引用公认的试验结论“在突扩的过渡面积上的动水压强近似按静水压强分布规律分布”，认为该测点测得的测压管水头值与细管出口端中心处的测压管水头值相等。气阀8用于开始试验时排除管中滞留气体。

3. 基本操作方法

(1) 排气。启动水泵待恒压水箱溢流后关闭试验流量调节阀13，打开气阀8排除管中滞留气体。排气后关闭气阀8，并检查测压管各管内的液面是否平齐，若不平齐，可开关阀门13数次以排气，直至平齐。

(2) 测压管水头用测压计测量，基准面可选在滑动测量尺零点上。

(3) 流量测量。试验流量用阀13调节，流量利用称重法，用秒表计时，用电子秤称重。

三、试验原理

流体在局部区域，如流体流经管道的突扩、突缩和阀门等处，由于固体边界的急剧改变而引起速度的变化，甚至使主流脱离边界，形成漩涡区，从而产生的阻力称为局部阻力。由于局部阻力做功引起的水头损失称为局部水头损失，用h_j表示。局部水头损失是在一段流程上，甚至相当长的一段流程上完成的。如图6-6所示，断面1和断面2之间这一段流程上的总水头损失包括局部水头损失和沿程水头损失。若用$h_i(i=1,2,\cdots)$表示第i个断面的测压管水头，即

$$h_w=h_j+h_{f1-2}=(h_1+\frac{\alpha v_1^2}{2g})-(h_2+\frac{\alpha v_2^2}{2g})$$

局部阻力系数为：

$$\zeta=\frac{h_j}{v^2/2g}$$

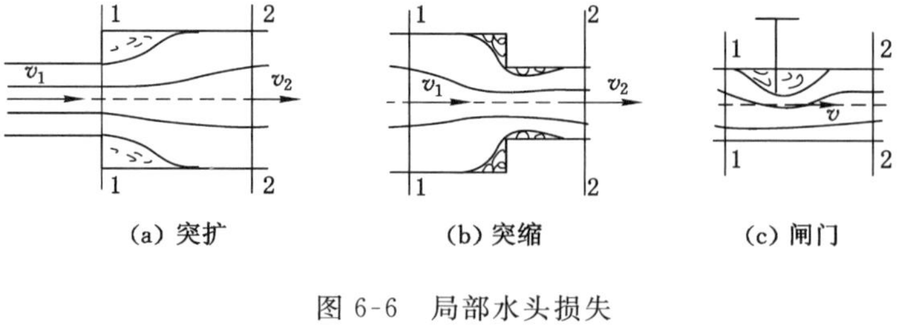

图6-6 局部水头损失

1. 圆管突然扩大段

本试验仪采用三点法测量。三点法是指在突然扩大段上布设3个测点，如

图 6-5 中测点 1,2,3 所示。流段 1 至 2 为突然扩大局部水头损失发生段,流段 2 至 3 为均匀流流段,本试验仪测点 1,2 间距为测点 2,3 间距的一半,$h_{f1\text{-}2}$ 按流程长度比例换算得出,则:

$$h_{f1\text{-}2}=\frac{h_{f2\text{-}3}}{2}=\frac{h_2-h_3}{2}$$

$$h_{\mathrm{j}}=(h_1+\frac{\alpha v_1^2}{2g})-(h_2+\frac{\alpha v_2^2}{2g}+\frac{h_2-h_3}{2})=E'_1-E'_2$$

式中　h_i——测压管水头,当基准面选择在标尺零点时即第 i 断面测压管液位的标尺读数。

因此,只要试验测得 3 个测压点的测压管水头及流量等,即可得到突然扩大段局部阻力水头损失。

若圆管突然扩大段的局部阻力系数 ζ 用上游流速 v_1 表示,则为:

$$\zeta=\frac{h_{\mathrm{j}}}{\alpha v_1^2/2g}$$

对应上游流速 v_1 的圆管突然扩大段理论公式为:

$$\zeta=(1-\frac{A_1}{A_2})^2$$

式中　A_1,A_2——截面 1 和截面 2 圆管横截面面积。

2. 圆管突然缩小段

本试验仪采用四点法测量。四点法是指在突然缩小段上布设 4 个测点,如图 6-5 中测点 3、测点 4、测点 5、测点 6 所示。图 6-5 中 B 点为突缩断面处。流段 4 至 5 为突然缩小局部水头损失发生段,流段 3 至 4 和流段 5 至 6 都为均匀流流段。流段 4 至 B 之间的沿程水头损失按流程长度比例由测点 3 和测点 4 测得,流段 B 至 5 的沿程水头损失按流程长度比例由测点 5 和测点 6 测得。本试验仪 $l_{3\text{-}4}=2\ l_{4\text{-}B}$,$l_{B\text{-}5}=l_{5\text{-}6}$,有 $l_{\mathrm{f}4\text{-}B}=h_{\mathrm{f}3\text{-}4/2}=\Delta h_{3\text{-}4/2}$,$h_{\mathrm{f}B\text{-}5}=h_{\mathrm{f}5\text{-}6}=\Delta\ h_{5\text{-}6}$,则:

$$h_{\mathrm{f}4\text{-}5}=\Delta h_{(3\text{-}4)/2}+\Delta\ h_{5\text{-}6}=\frac{h_3-h_4}{2}+h_5-h_6$$

$$h_j=(h_4+\frac{\alpha v_4^2}{2g}-\frac{h_3-h_4}{2})-(h_5+\frac{\alpha v_5^2}{2g}+h_5-h_6)$$

因此,只要试验测得 4 个测压点的测压管水头 h_3,h_4,h_5,h_6 及流量等,即可得突然缩小段局部阻力水头损失。

若圆管突然缩小段的局部阻力系数 ζ 用下游流速 v_5 表示,则为:

$$\zeta=\frac{h_j}{\alpha v_5^2/2g}$$

对应下游流速v_5的圆管突然缩小段的局部阻力系数的经验公式为：

$$\zeta=0.5(1-\frac{A_5}{A_4})$$

式中　A_4，A_5——截面4和截面5圆管横截面面积。

3. 测量局部阻力系数的二点法

在局部阻碍处的前后顺直流段上分别设置1个测点，在某一流量下测定两点之间的水头损失，然后将等长度的直管段替换局部阻碍段，在统一流量下测定两点之间的水头损失，进而可计算得到局部阻碍段的局部水头损失。

四、试验方法

(1) 测量突然扩大局部水头损失与突然缩小局部水头损失，并测定相应的局部水头损失系数。参照试验基本操作方法，在恒定流条件下改变流量2～3次。其中一次为最大流量，待流量稳定后测记各测压管液面读数，同时测记试验流量。

(2) 设计性试验：利用图6-1所示装置，设计某开度下阀门的局部阻力系数的测定试验。要求：采用两点法测量，设计性试验装置改造，制定试验方案，并结合CAI软件进行计算机仿真试验。

五、试验结果与分析

(1) 记录有关信息及试验常数。

试验设备名称：　　　　　试验台号：

试验者：　　　　　　　　试验日期：

试验管段直径：

$d_1=D_1=\qquad\times10^{-2}$ m

$d_2=d_3=d_4=d_5=D_2=\qquad\times10^{-2}$ m

$d_5=d_6=D_3=\qquad\times10^{-2}$ m

试验管段长度：

$l_{1\text{-}2}=12\times10^{-2}$ m；

$l_{2\text{-}3}=24\times10^{-2}$ m；

$l_{3\text{-}4}=12\times10^{-2}$ m；

$l_{4\text{-}B}=6\times10^{-2}$ m；

$l_{B\text{-}5}=6\times10^{-2}$ m；

$l_{5\text{-}6}=6\times10^{-2}$ m。

(2) 试验数据记录及计算结果。局部水头损失试验记录表见表6-4。水头损失试验计算表见表6-5。

表 6-4　局部水头损失试验记录表

次数	流量			测压管读数/(×10^{-2} m)					
	体积 V /(×10^{-6} m^3)	时间 t/s	流量 q_v /(×10^{-6} m^3/s)	h_1	h_2	h_3	h_4	h_5	h_6
1									
2									
3									

表 6-5　水头损失试验计算表

次数	阻力形式	流量 q_v /(×10^{-6} m^3/s)	前断面		后断面		h_j	ζ /(×10^{-6} m^3/s)
			$\frac{\alpha v^2}{2g}$ /(×10^{-6} m^3/s)	E'_1 /(×10^{-6} m^3/s)	$\frac{\alpha v^2}{2g}$ /(×10^{-6} m^3/s)	E'_2 /(×10^{-6} m^3/s)		
1	突然扩大							
2								
3								
4	突然缩小							
5								
6								

注：ζ 对应于突扩段的 v_1 或突缩段的 v_5。$E'_1=h_1+\frac{\alpha v_1^2}{2g}$；$E'_2=h_2+\frac{\alpha v_2^2}{2g}+\frac{h_2-h_3}{2}$。

3. 成果要求

(1) 测定突扩管段局部水头损失系数 ζ 并与理论值比较。

(2) 测定突缩管段局部水头损失系数 ζ 并与理论值比较。

(3) 完成设计性试验。

六、分析思考

(1) 管径相同、流量相同时，d_1/d_2（$d_1<d_2$）在什么范围内时圆管突然扩大的水头损失比突然缩小的大？

(2) 结合流动演示仪的水力现象，分析局部阻力损失机理。产生突扩与突缩局部水头损失的主要部位在哪里？怎样减小局部水头损失？

(3) 局部阻力类型很多，局部阻力系数的计算公式除突然扩大是由理论推导得出以外，其他都是由试验得出的经验公式。试问获得经验公式有哪些途径？

第七章　光测力学综合试验

第一节　白光数字散斑相关方法——DSCM的基本原理

光测力学方法是用光学的方法和技术进行力学参量测试的方法。目前的光测技术主要有:全息法、莫尔云纹法、散斑法、自动网格法、光扫描法、光衍射法及实时干涉法、外差法、激光多普勒法、光纤法等,图像信息的采集和处理技术不仅适用于可见光,也适用于X射线、紫外线、红外线、放射线、超声波、微波及热成像等。光测力学方法具有非接触、能测全场位移、灵敏度高、精度高、实时、遥测、快速、自动化程度高等优点。随着光测技术和计算机图像处理技术的高速发展,光测法的应用日益广泛。

一、数字散斑相关方法简介

数字散斑相关方法(digital speckle correlation method,简称DSCM)又称为数字图像相关(digital image correlation,简称DIC)、数字图像/散斑相关(digital image/speckle correlation,简称DISC)以及数字强度相关方法(digital intensity correlation method,简称DICM)等,其基本原理是匹配物体表面不同变形条件下的数字化散斑图像上的几何点,跟踪点的运动位置从而获得物体表面变形信息。数字散斑图像是数字化的散斑场。散斑场是一种图像光强高度随机分布的结构,其统计特性表明图像中一个点一定大小邻域内的散斑图案作为整体唯一区别于图像中其他任何点邻域内的散斑图案,这是散斑场用来表征点的位置的理论依据。散斑场可以由激光照射漫反射表面后干涉产生,也可以采用人工散斑化的方法制作,甚至某些材料表面的自然纹理可直接当成散斑场。几种不同成因的散斑场如图7-1所示。

白光数字散斑相关法是以普通白光光源为照明条件的数字散斑相关方法,不但具有光测力学方法的基本优点,而且具有系统实现简单,成本低,抗环境干扰能力强等优点。目前,白光数字散斑相关方法——DSCM已经成功应用于岩

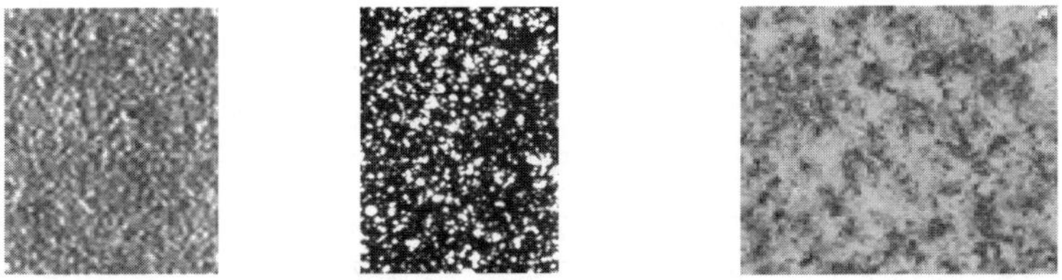

(a) 激光散斑场　(b) 用喷漆制作的人工散斑场　(c) 花岗岩表面的天然散斑场

图 7-1　几种不同成因的散斑场

石材料力学试验，复合材料力学试验，木材、金属材料等力学试验。

二、数字散斑相关方法的基本原理

DSCM 通过变形前后两幅散斑图像上测量点的相关匹配来对应图像上一个点在变形前后的几何位置，从而获得点的变形信息。图像匹配是计算机视觉中的一个很重要的问题，基于不同的图像和不同的目的，有多种匹配方法。数字散斑相关方法一般选用基于区域的灰度相关匹配方法。这种匹配方法较易实现，而且对于散斑图来说有较高的匹配精度。

相关匹配的过程如下：对于变形前后两幅散斑图，其中，I_s 称为源图像，即基准图像，代表变形前起始状态；I_t 称为目标图像，代表变形后状态。

$$I_s = F(x,y) \tag{7-1}$$

$$I_t = G(X,Y) \tag{7-2}$$

一般假设散斑图像在物体变形过程中具有不变性，从而有：

$$I_t = G(X,Y) = F(x+u,y+v) \tag{7-3}$$

式中，u，v 为点 $P(x,y)$在拉格朗日坐标下的位移，见式(7-4)。

$$I_t = G(X,Y) = F(x+u,y+v) \tag{7-4}$$

如图 7-2 所示，设要对 I_s 上点 P 的运动进行跟踪，则需要求得点 P 在 I_t 上的匹配点，为此先在源图像上取点 P 的特征散斑图案 $f_P(i,j)$：

$$f_P(i,j) = F(x,y) \cdot W(i,j,x,y,w,h) \tag{7-5}$$

式中，(i,j)为 P 点在图像 I_s 上的坐标，$W(i,j,x,y,w,h)$是窗函数，一般定义为：

$$I_t = G(X,Y) = F(x+u,y+v) \tag{7-6}$$

式中，w，h 为散斑图案的尺寸。

W 所定义的窗口称为相关窗口，因此 w，h 也称为相关窗口大小。

同理，在变形后目标散斑图像上取目标散斑图案 $g(I,J)$。其中(I,J)是含有待求位移及其梯度项的未知量，Q 为散斑图案 g 在 I_t 上的对应点。I，J 一般

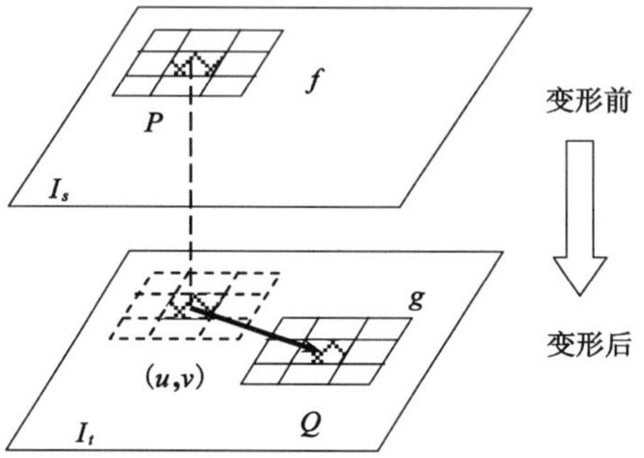

图 7-2 相关匹配示意图

不是整数，所以 $g(I,J)$ 的灰度值由整像素位置处的灰度值通过插值获得。由式(7-3)可知：对于一组符合实际变形的变形量，散斑图案 f 和 g 在理论上相同，如果变形量与实际不符合时，f 和 g 有较大的差异，因此定义一个相关函数来表示 P、Q 两点特征散斑图案 f 和 g 的相似程度，即 P、Q 两点的匹配程度。对于按一定规则设计的相关函数，其极值点（本书中为最大值）表示最佳匹配，因此，最大值点所对应的变形量即要求的实际变形量。一个典型的定义在二维参数空间 (u,v) 上的相关函数分布曲面如图 7-3 所示。

$$C = C(f, g) \tag{7-7}$$

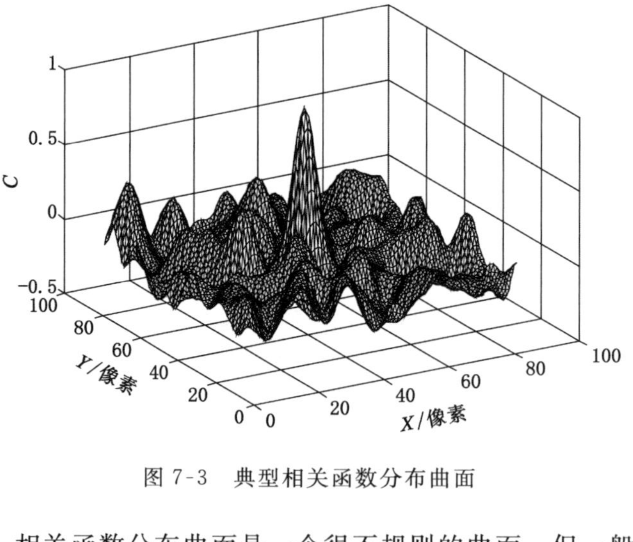

图 7-3 典型相关函数分布曲面

可以看出：相关函数分布曲面是一个很不规则的曲面。但一般来说，曲面有一个较突出的峰，称为主峰，主峰的顶点对应着匹配点。主峰在要搜索变形量参数空间上的投影可以称为单峰区。其他较低的峰都可以称为次峰。上述几个名称可以用相关函数分布曲面的一维图形来说明(图 7-4),图中剖面 L 通过主峰和次高峰,其相关系数值分别为 C_m 和 C_{sec}。

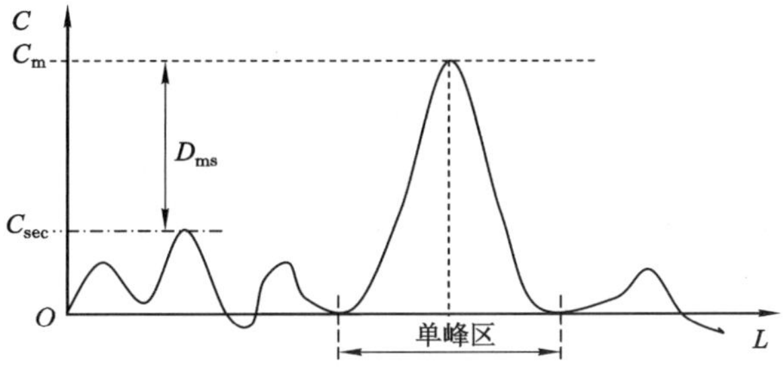

图 7-4　相关函数曲面的一个特殊剖面

由上面的叙述可知寻求匹配点的过程实际上是一个求函数极值的搜索问题。P 点的变形量或者 Q 点的坐标是待搜索的解,而相关函数则为问题的目标函数。

DSCM 中比较常用的搜索方法有牛顿-拉弗森法、爬山法等。这两种方法具有易实现且收敛速度快的优点,但是其收敛性严重依赖于初值的选取。如果初值的质量不高,可能不收敛或收敛到错误的解上。“十字搜索法”,或称为坐标轮换法,是指在搜索过程中只搜索 2 个位移量 u 和 v,而假定相关窗口内的应变为 0,这种方法属于“二变量搜索法”,由于将搜索变量减少为 2 个,又利用相关函数分布的对称性进行坐标轮换搜索,大幅度提高了搜索速度。所以,试验中采用该搜索方法实现程序。

DSCM 处理的对象是数字化后的图像,图像的最小单位是像素,一个像素代表的实际长度称为拍摄系统的物面分辨率。系统的物面分辨率在试验中拍摄图像时由镜头和 CCD 的各种参数决定,主要取决于 CCD 靶面的分辨率。容易理解,匹配搜索算法可以达到像素级的精度,但这样的精度远不能满足常规的力学试验要求。因此在完成像素级的匹配后进行亚像素级精度的估计是必须的。亚像素级精度的估计是指在完成像素级精度的点的匹配后,采用特殊的数学方法获得亚像素级的匹配点的位置,以获得更高的测量精度。

从 DSCM 原理可以看出相关公式、搜索方法和亚像素级精度的估计方法是 DSCM 的 3 个关键因素。相关系数描述了散斑图案的相似程度,是 DSCM 的理论基础;匹配搜索技术是 DSCM 实现的必须环节;亚像素估计方法是提高 DSCM 精度的关键。这 3 种关键因素决定了 DSCM 的精度和速度。

第二节　白光数字散斑相关方法的测试系统

由上节的白光数字散斑相关方法的基本原理介绍可以了解 DSCM 只是一种全场变形的测试方法，所以在试验过程中不能单独完成试验，要和加载系统一同工作才能构成一个完整的试验系统，例如最简单的加载系统是万能试验机。光测力学更关心的是试验测试数据的获取与分析，本节将详细介绍白光数字散斑相关方法测试系统的硬件组成和系统内各种设备的性能参数指标。

一、试验目的

(1) 了解白光数字散斑相关方法的测试系统的基本组成。

(2) 熟悉系统内各种硬件的基本性能和参数。

(3) 学会设计和组装 DSCM 测试系统。

二、试验设备装置

试验设备装置主要包括：CCD(charge couple device)、图像采集卡、数码位移传感器、计算机，分别如图 7-5 至图 7-8 所示。

图 7-5　CCD

图 7-6　图像采集卡

三、试验系统设计

最简单的测试系统由 CCD、图像采集卡、光源和计算机组成，如图 7-9 所示。

在了解试验系统内的各硬件性能后，按图 7-9 所示采集系统动手设计，试验分组进行，每组不多于 5 人。

四、注意事项

(1) 光学仪器非常贵重，轻拿轻置。

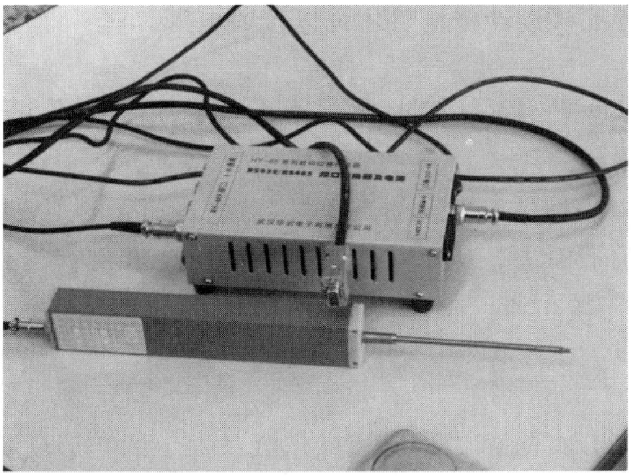

图 7-7　数码位移传感器

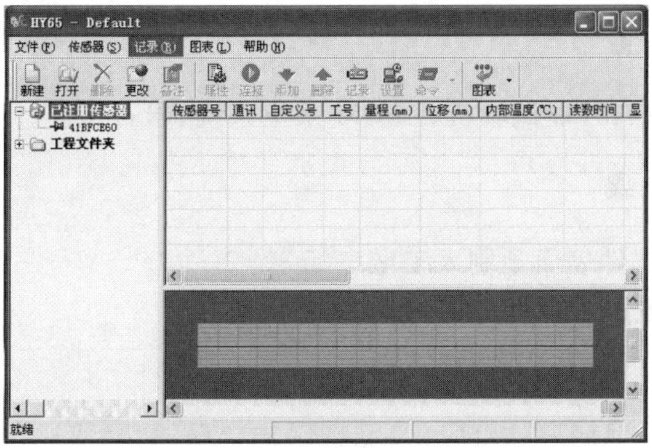

图 7-8　传感器控制软件界面

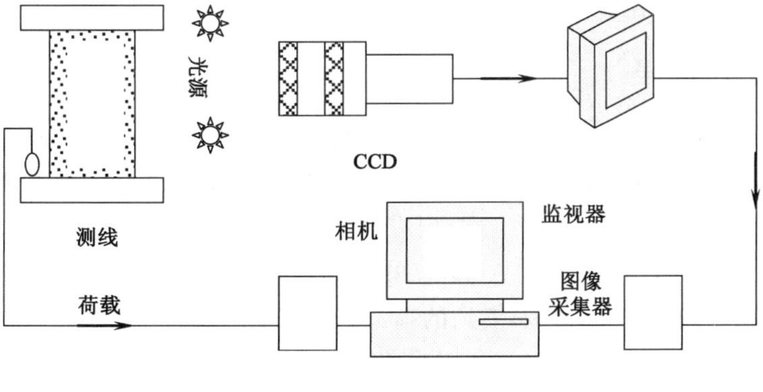

图 7-9　白光数字散斑相关方法的测试系统

（2）指导教师确认设计合格后才可以接通电源。

第三节　基于DSCM的岩石材料破坏特征的测试

岩石是自然界中性质最复杂的工程材料，也是地壳的主要组成部分，几乎所有地质灾害都与岩石有关。所以对岩石破裂的特征和规律进行研究，有助于深入了解这些问题，DSCM是一种有效的分析方法。

一、试验目的

（1）学会运用DSCM测试岩石试件承载条件下的变形场演化。
（2）熟练标定DSCM。
（3）学会DSCM简单的数据处理方法。

二、设备装置

试验设备包括：万能试验机、DSCM采集系统、岩石试件。

三、试验步骤

（1）在岩石试件表面预制人工散斑场。
（2）将试件安装在试验机卡具内。
（3）对DSCM采集系统进行标定。
（4）调整测试系统。
（5）对试件进行单轴加载，并采集散斑场。
（6）通过DSCM分析系统处理数据，给出位移场和应变场。
（7）分析试验结果。

四、工作过程

CCD拍摄物体表面的图像，传输到图像卡进行数字化后存贮到计算机中以备处理。监视器用来实时显示试验过程中的图像。计算机是整个系统的控制中心，由其发出指令协调各部分工作，保存和处理图像并输出最后结果。试验过程中，将试验机的荷载信号通过A/D卡采集到计算机中，这一设计完成了两项任务：(1) 试验后通过A/D卡采集到的荷载数据可以与试验机的荷载曲线进行对应，这样完成了同步工作。(2) 利用采集到的荷载数据，可以在试验过程中编程控制图像采集的速度，即完成了图像采集的速度控制工作。测量系统如图7-10所示。

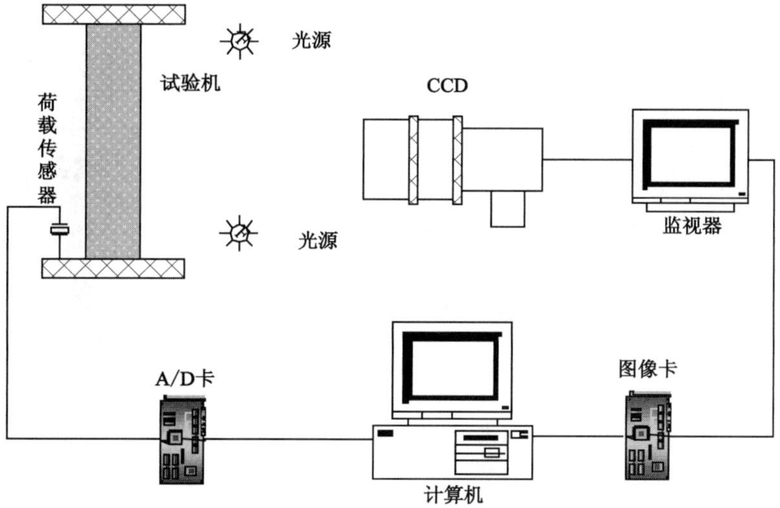

图 7-10　岩石破坏测量的 DSCM 硬件系统

五、注意事项

(1) 防止被岩石试件破坏过程中弹出的岩块击伤。

(2) 加载速率不能过大。

(3) 试验中不要遮挡采集系统采图。

第四节　基于 DSCM 的金属材料破坏特征的测试

金属材料是工业中用得最多的工程材料，材料性质与岩石试件相比较稳定，因为材料内部颗粒分布均匀。本章试验采用 DSCM 对单轴拉伸条件下的金属试件表面变形场进行观测。

一、试验目的

1. 会运用 DSCM 测试金属试件承载条件下的变形场演化。
2. 深入掌握 DSCM 的数据处理方法。
3. 分析方法中存在的不足和改进措施。

二、设备装置

试验机、DSCM 采集系统、条形金属试件。

三、试验步骤

(1) 在条形金属试件(图 7-11)观测表面预制人工散斑场。

(2) 将试件安装在试验机卡具内。

(3) 对 DSCM 采集系统进行标定。

(4) 对试件进行单轴拉伸,并采集散斑场。

(5) 通过 DSCM 分析系统处理数据,给出位移场和应变场。

(6) 分析试验结果。

(7) 讨论 DSCM 方法中需改进的部分。

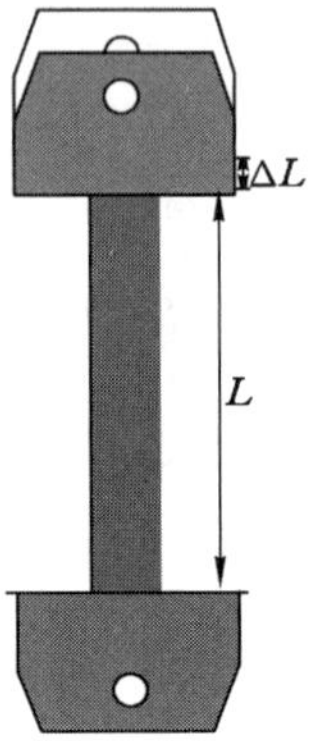

图 7-11　条形金属试件

四、注意事项

(1) 注意光学仪器的使用维护。

(2) 试验至少重复进行 3 次。

(3) 一定按试验步骤操作。

第五节　数字图像相关方法的基本原理与测试系统

一、试验目的

(1) 掌握数字图像相关方法的测试原理。

(2) 熟悉数字图像相关方法的应用范围。

(3) 熟练组装并调试数字图像相关系统。

二、试验装置框图

试验系统示意图如图 7-12 所示。

三、试验原理

数字散斑相关方法是在 20 世纪 80 年代由彼得斯与兰森等提出的。如图 7-12 所示,数字散斑相关方法通过采集物体表面变形前后的两幅图像(图 7-13),根据其表面随机分布的散斑点(人工喷漆或材料自然纹理)在变形前后的概率统计相关性来确定物体表面的位移场,实现对物体表面位移场的测量。

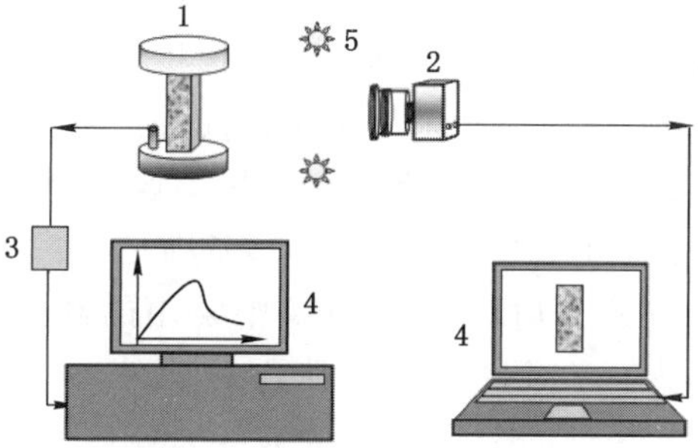

1—加载装置；2—相机；3—A/D 卡；4—计算机；5—光源。

图 7-12　试验系统示意图

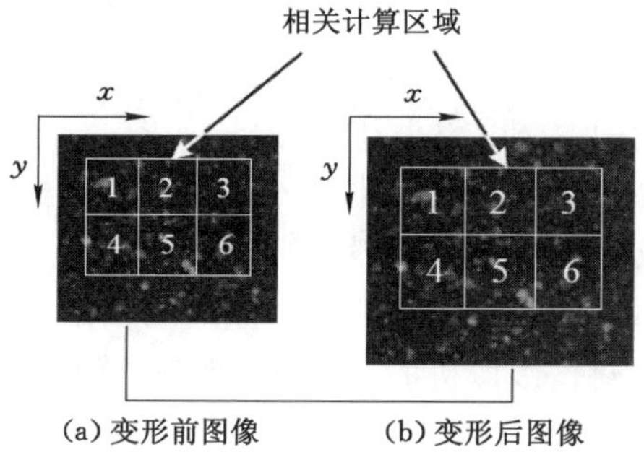

图 7-13　变形前、后散斑场相关分析示意图

数字图像相关方法测试系统由硬件系统和软件系统组成。硬件系统及设备是为了监测和存储试件表面在外荷载作用下的散斑图像；软件系统对变形前后的散斑图像作相关分析，计算试件表面的位移场和应变场。

数字图像相关方法的硬件系统主要包括：摄像机、光学镜头、图像采集卡、计算机和相应的图像存储介质。摄像机是采集图像的关键设备，目前在摄像机中广泛使用的两种光电感应器分别为 CCD 和 CMOS(complementary metal oxide semiconductor)。摄像机的分辨率和采集频率是定义一款机器性能的主要参数，目前技术条件下摄像机的最高分辨率可达千万像素以上；摄像机的最高采集频率也可达 20 万帧/s 以上。高分辨率和高采集频率的摄像机价格非常昂贵，但并不是所有数字散斑试验都需要具有这样高端的参数的设备。目前分辨率为 100 万像素，采集频率为 10～25 帧/s 的摄像机价格为 1 万元左右，该类摄像机基本能够满足数字图像相关试验的要求。镜头是摄像机的主要附件，镜头的焦距和抗畸变参数直接影响图像采集的质量。图像采集卡是负责将摄像机采集到的信号传递到计算机的关键设备,通常一款摄像机都有与之匹配的图像采集卡,根据不同信号传输标准,很多图像采集卡制造商都提供了相应的设备,如加拿大的MATROX和国内的大恒光电等专业图像采集设备制造商。计算机是图像采集系统的控制部分,目前市场上的主流PC都能满足图像卡的要求,但是存储介质是图像采集系统的一个“短板”,目前PC中常用的硬盘写入速度为20 Mb/s左右,以一款分辨率为400万像素(单张图片大小约为8 Mb)、采集频率为25帧/s的摄像机为例,每秒的数据存储量为200 Mb字节。为了解决图片存储的难题,磁盘阵列方法、固态硬盘等硬件技术和设备都相应出现,目前针对这一难题很多专业开发高速存储介质的公司也推出了相应的产品,高速存储卡的写入速度可达1 Gb/s的数据量。

四、试验方法

(1) 正确连接数字摄像机、镜头和计算机,如图7-12所示。注意:在连接镜头和摄像机过程中,要防止异物或灰尘进入镜头或摄像机;不可以在带电条件下连接摄像机,以免造成摄像机电路损毁。

(2) 将被观测的试件安装到试验机上,并预加极限荷载的5%,确保试件和试验机压头充分接触;调整摄像机的三脚架、镜头,确保摄像机采到高质量的散斑图像。

(3) 同步启动试验机和数字摄像机,采集试件破坏过程中表面的散斑场。

(4) 通过软件分析试件加载过程中表面的位移场和应变场。

五、试验结果与分析

将试件加载过程中的典型位移场和应变场云图填入表7-1。

表 7-1

荷载/N	30%	80%	100%	80%(峰后)
竖直方向位移场云图				
竖直方向应变场云图				

六、思考题

(1) 数字图像相关方法的基本算法。

(2) 数字图像相关系统的主要硬件设备及参数。

第六节　数字图像相关方法观测岩石材料破裂过程

一、试验目的

(1) 熟悉岩石试件加工方法和散斑制作方法。

(2) 掌握通过数字图像相关系统观测岩石破裂过程的方法。

二、试验装置框图

半圆盘试件和加载示意图如图 7-14 所示。

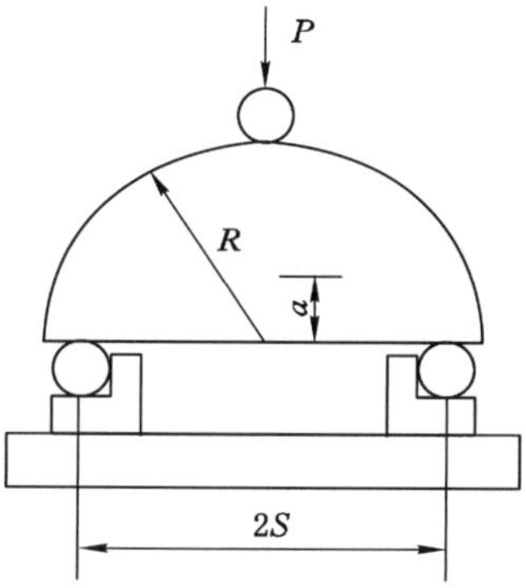

图 7-14　半圆盘试件和加载示意图

CCD 采集到的散斑图像和分析区域如图 7-15 所示。

图 7-15　CCD 采集到的散斑图像和分析区域

三、试验原理

采用裂纹尖端位移场数据求解裂尖非线性位移场方程组的方法，计算裂纹尖端位置和应力强度因子。

裂纹尖端区域的位移场方程如方程式(7-8)所示，式中u_x和u_y分别为平行和垂直于裂纹方向的位移分量，G为材料的切变模量。在平面应力问题中，$k=(3-\mu)/(1+\mu)$；平面应变问题中，$k=3-4\mu$。如图 7-16 所示，r和θ分别为裂纹尖端区域的极坐标参量，$A_{\mathrm{I}n}$和$A_{\mathrm{II}n}$为级数项系数，下标n表示级数序列。

$$\begin{Bmatrix} u_x \\ u_y \end{Bmatrix}=\sum_{n=1}^{\infty}\frac{A_{\mathrm{I}n}}{2G}r^{\frac{n}{2}}\begin{Bmatrix} k\cos\left(\frac{n}{2}\theta\right)-\frac{n}{2}\cos\left[\left(\frac{n}{2}-2\right)\theta\right]+\left[\frac{n}{2}+(-1)^n\right]\cos\left(\frac{n}{2}\theta\right) \\ k\sin\left(\frac{n}{2}\theta\right)-\frac{n}{2}\sin\left[\left(\frac{n}{2}-2\right)\theta\right]-\left[\frac{n}{2}+(-1)^n\right]\sin\left(\frac{n}{2}\theta\right) \end{Bmatrix}-$$

$$\sum_{n=1}^{\infty}\frac{A_{\mathrm{I}n}}{A_{\mathrm{II}n}}r^{\frac{n}{2}}\begin{Bmatrix} k\sin\left(\frac{n}{2}\theta\right)-\frac{n}{2}\sin\left[\left(\frac{n}{2}-2\right)\theta\right]+\left[\frac{n}{2}-(-1)^n\right]\sin\left(\frac{n}{2}\theta\right) \\ -k\cos\left(\frac{n}{2}\theta\right)-\frac{n}{2}\cos\left[\left(\frac{n}{2}-2\right)\theta\right]+\left[\frac{n}{2}-(-1)^n\right]\cos\left(\frac{n}{2}\theta\right) \end{Bmatrix} \tag{7-8}$$

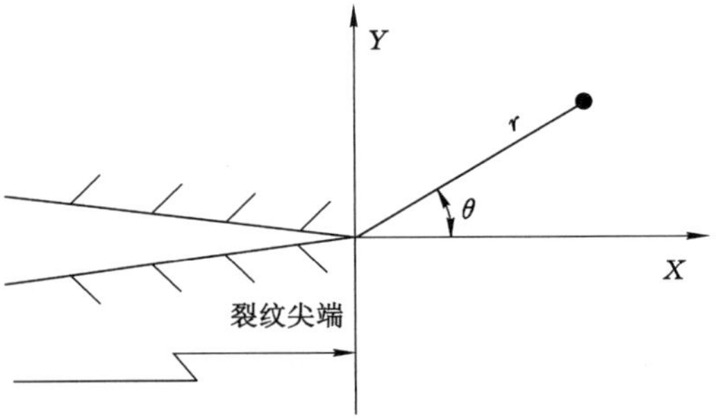

图 7-16 裂纹尖端的极坐标示意图

$A_{\mathrm{I}1}$和$A_{\mathrm{II}1}$同Ⅰ型断裂因子K_{I}和Ⅱ型断裂因子K_{II}的关系可以通过方程式(7-9)表示：

$$\begin{cases} A_{\mathrm{I}1}=\dfrac{K_{\mathrm{I}}}{\sqrt{2\pi}} \\ A_{\mathrm{II}1}=\dfrac{K_{\mathrm{II}}}{\sqrt{2\pi}} \end{cases} \tag{7-9}$$

试验中任一散斑图中的裂尖坐标用某一直角坐标系下的(x_0, y_0)表示，则裂纹尖端区域各点的极坐标参数如方程式(7-10)所示：

$$\begin{cases} r=\sqrt{(x-x_0)^2+(y-y_0)^2} \\ \theta=\arctan\dfrac{y-y_0}{x-x_0} \end{cases} \tag{7-10}$$

将方程式(7-10)和数字散斑相关方法测得的裂尖M个点的坐标(x,y)和裂纹法线方向位移量参量u_y代入方程式(7-9)，并引入试件的刚体位移参量T_y，同时取方程式(7-9)的最高项为N，用方程组(7-8)表示：

$$u_{ky}=\sum_{n=1}^{N}\frac{A_{\mathrm{I}n}}{2G}r_k^{\frac{n}{2}}\left\{k\sin\left(\frac{n}{2}\theta_k\right)-\frac{n}{2}\sin\left[\left(\frac{n}{2}-2\right)\theta_k\right]-\left[\frac{n}{2}+(-1)^n\right]\sin\left(\frac{n}{2}\theta_k\right)\right\}-\sum_{n=1}^{N}\frac{A_{\mathrm{II}n}}{2G}r_k^{\frac{n}{2}}\left\{-k\cos\left(\frac{n}{2}\theta_k\right)-\frac{n}{2}\cos\left[\left(\frac{n}{2}-2\right)\theta_k\right]+\left[\frac{n}{2}-(-1)^n\right]\cos\left(\frac{n}{2}\theta_k\right)\right\} \tag{7-11}$$

四、试验方法及步骤

(1) 正确连接数字摄像机、镜头和计算机。注意：连接镜头和摄像机过程中要防止异物或灰尘进入镜头或摄像机；不可以在带电条件下连接摄像机，以免造成摄像机电路的损毁。

(2) 将被观测的岩石试件安装到试验机上，并预加极限荷载的5%，确保试件和试验机压头充分接触；调整摄像机的三脚架、镜头，确保摄像机采到高质量的散斑图像。

(3) 同步启动试验机和数字摄像机，采集试件破坏过程中表面的散斑场；通过软件分析试件加载过程中表面的位移场和应变场。

(4) 通过分析软件和位移场云图数据，计算裂纹尖端位置和应力强度因子。

五、试验结果与分析

将试件加载过程中的典型裂纹尖端位移场云图填入表7-2。

表 7-2

荷载/N	30%	80%	100%	80%(峰后)
裂纹尖端位移场云图				

六、思考题

(1) 岩石试件加工方法及标准，影响散斑质量的因素。

(2) CCD和试验机的调试方法，岩石试件的破裂过程及特征。

第八章　力学结构试验

第一节　静定桁架(刚架)结构应力分析试验

一、试验目的

(1) 了解静定桁架结构的受力特点与工程应用。

(2) 了解静定桁架不同搭接方式对各杆件受力的影响,进一步掌握电测法。

(3) 通过试验结果与理论计算的比较分析,认识结构杆件受力的多因素影响。

(4) 通过试验结果与理论计算分析,验证“理想桁架”假设。

二、试验仪器、设备与工具

(1) 多功能结构试验台(图 8-1)。

(a)　　(b)

图 8-1　结构力学试验台

本试验装置“多功能结构试验台”,可设计成刚架或桁架,使学生通过试验能直观地了解这两种结构的差别和受力状态。利用本试验装置可以进行包括刚架静态应力分析系统、桁架静应力分析系统、不同支撑的刚架(桁架)应力分析系统、多杆系应力分析系统、超静定系统等多个力学试验项目,构件及组装图如图8-2所示。数据处理部分采用计算机多点自动数据采集与分析系统。该试验装置可根据学生的教学需要将试验内容分成几个相互独立的试验,也可以将其组合成多种受力状态的综合性试验。

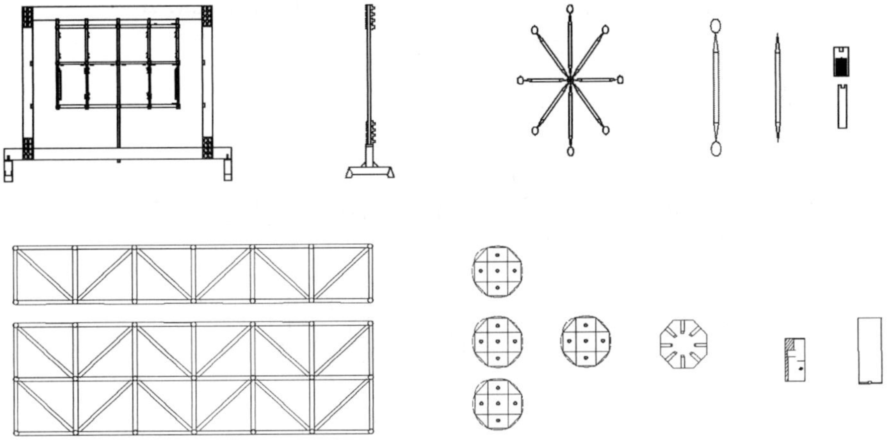

图 8-2　构件及组装图

(2) 杆件、连接件、应变片、连接导线、力传感器及加载附件等。

(3) PPM 2101B5 静态电阻应变仪、计算机。

(4) 游标卡尺、钢板尺及扳手等。

三、试验原理与方法

利用试验台配套的杆件和连接件,组装结构形式如图8-3所示,测量各杆件的应变,计算所受的轴力;选择合适的方法计算或应用计算软件计算各杆轴力,并和实测结果对比。

在待测杆件(如 DE 杆)沿轴线方向布置1枚电阻应变片(测量片R_g),采用1/4电桥连接,在静态电阻应变仪接线板面某通道AB端接入测量片R_g,并接入公共补偿片R_d(图8-4)。17—32通道接入测量片,1—8通道接入力传感器(图8-5)。

四、试验方法及步骤

(1) 了解试验台的结构和连接方式,检查和熟悉各种配件、工具等,设计桁架的结构形式和加载方案,并画出简图。

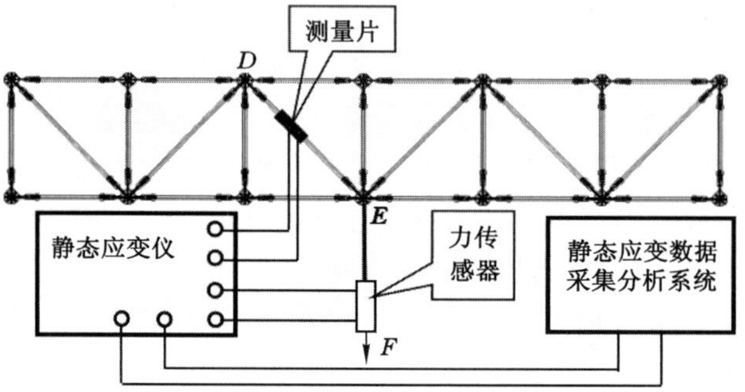

图 8-3　超静定刚架的静态测试装置

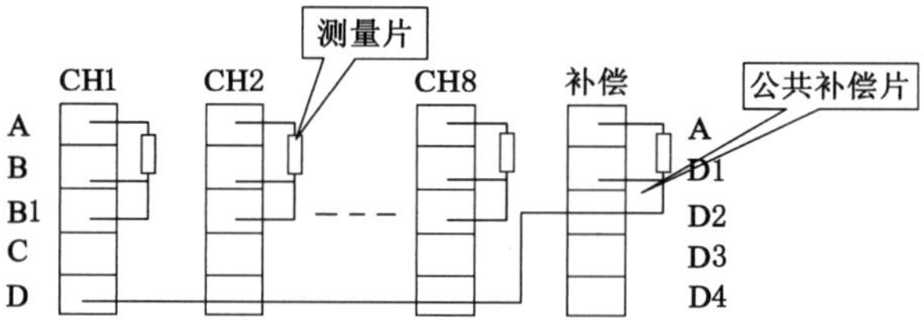

图 8-4　1/4 桥接线图

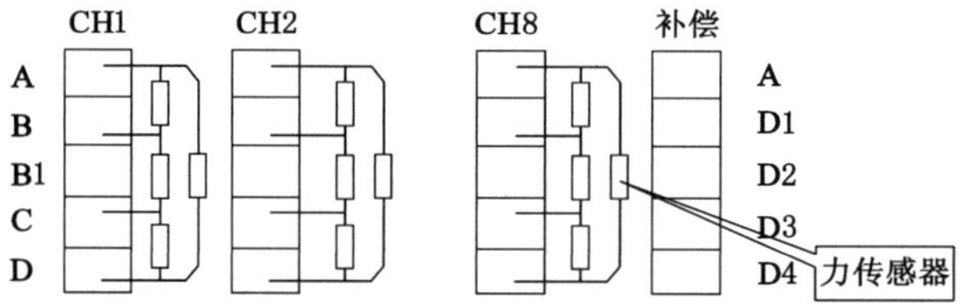

图 8-5　力传感器接线图

(2) 制定加载与测试方案，设计数据记录表格。

(3) 按设计方案组装桁架结构。

(4) 按加载及测试方案在被测点粘贴电阻应变计，接入测力用荷载传感器，并将各应变片及力传感器接入 XL2118A 系列静态电阻应变仪。

(5) 连接并调试电阻应变仪：打开 PPM(XL)2101B5 静态电阻应变仪及测试系统控制软件，软件的操作界面如图 8-6 所示，选择合适的串行口 COM1 或 COM2。查找机箱如图 8-7 所示。

(6) 进行参数设置(具体操作见仪器使用说明书)，参数设置的弹出框如图 8-8 所示。

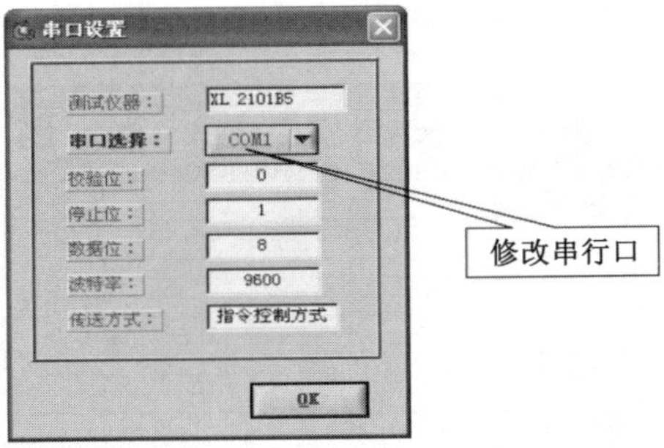

图 8-6　PPM(XL)2101B5 静态测试系统软件的操作界面

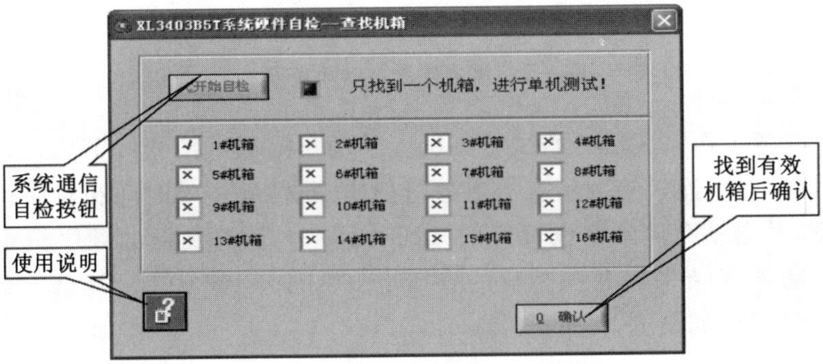

图 8-7　查找机箱

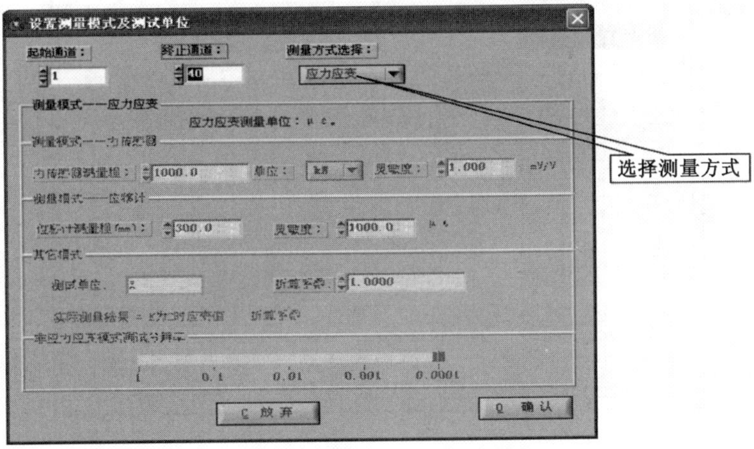

图 8-8　参数设置

（7）预采样和自动桥路平衡如图 8-9 所示。

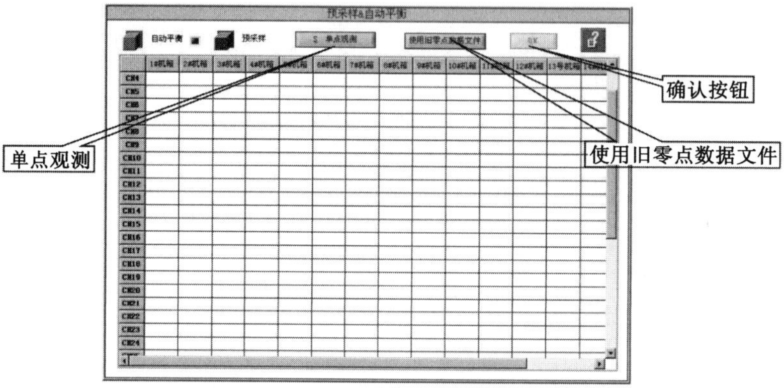

图 8-9　预采样和自动桥路平衡

（8）准备工作完成后开始试验测试。手动扫描测试按钮按下后，PPM(XL)2101B5 自动对所连机箱的所有通道进行扫描测试，并记录时间和对应通道的应变值数据，并自动存储到已设置好的 YB5 文件中，从高到低的顺序记录 3 次加载数据并将测得结果保存在相应的 YB5 文件中。PPM(XL)2101B5 的采集存储模块软件界面如图 8-10 所示。

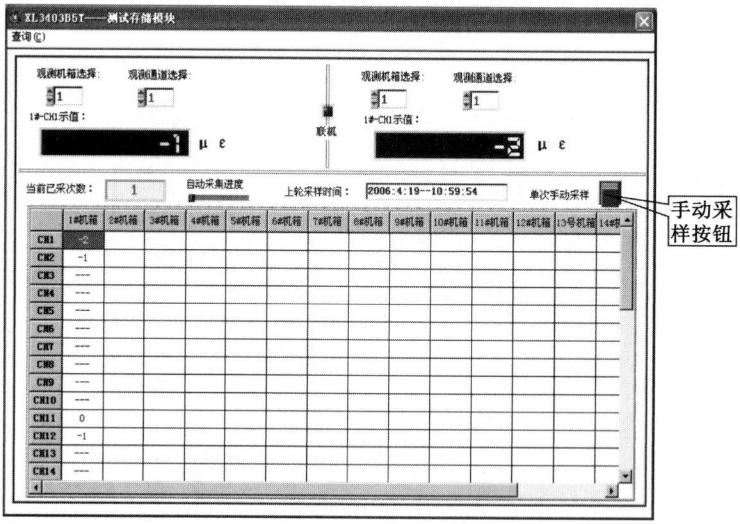

图 8-10　数据采集存储模块软件界面

（9）测试结束后，整理并提取试验数据，并将仪器及试验装置整理好。

五、试验结果处理

（1）对试验测试结果进行分析计算。

（2）理论计算或软件计算。

（3）将试验测试结果与理论计算结果及软件计算结果进行比较，并分析误差原因。

六、注意事项

（1）必须严格遵守仪器操作规程。

（2）应变仪调好后，不要移动和碰触应变片的连线，以免造成测量误差。

（3）测试过程中加载时不要过快。

讨论题：节点荷载作用下节点刚性对桁架内力的影响。

第二节　自主设计创新性结构试验

在基础力学试验教学中，为增加综合性和设计性试验项目，利用试验中心自制的结构综合性试验装置（多功能结构试验台），可自主设计桥梁、桁架、刚架等多种结构形式进行力学分析和研究；学生可根据兴趣构建不同的模型，试验测试不同结构在不同加载条件下构件的内力、应力、应变等。

一、试验目的

（1）自主设计并测试不同组合结构在不同加载条件下构件的应力和应变，进一步掌握电测法，掌握 1/4 桥、半桥、全桥的组桥方法。

（2）通过试验结果与理论计算的比较分析，认识工程结构杆件受力的多因素影响。

（3）通过自主设计创新试验，提高学生的实践创新能力和理论计算能力。

二、试验仪器、设备与工具

（1）多功能结构试验台（图 8-11）。

（2）杆件、连接件等（图 8-12）。

（3）PPM 2101B5 静态电阻应变仪、计算机、应变片、力传感器及加载附件等。

（4）游标卡尺、钢板尺及扳手等。

图 8-11　结构力学试验台

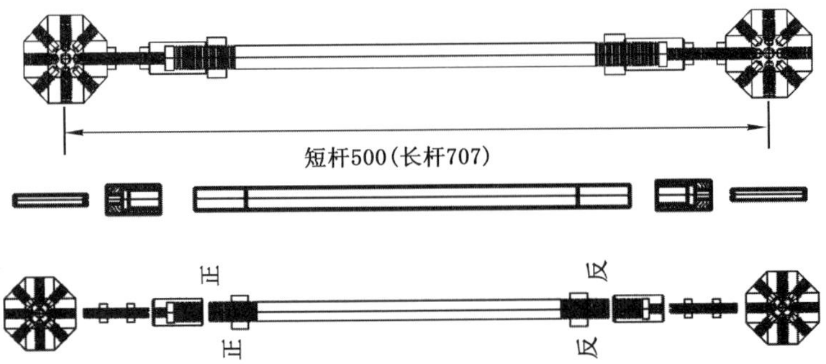

图 8-12　杆件及连接件(单位:mm)

三、试验原理与方法

利用试验台配套的杆件和连接件,按设计方案组装结构,并按测试方案粘贴电阻应变片(图 8-13),测量各杆件的应变,并计算结构中各杆内力;选择合适的方法计算或应用计算软件计算各杆轴力并与实测结果对比。

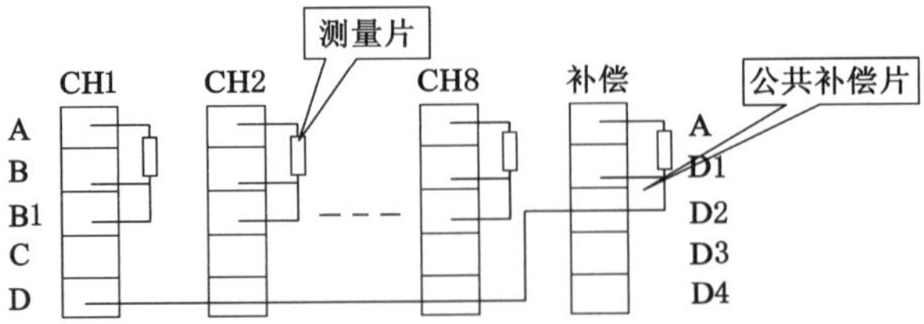

图 8-13　超静定刚架的静态测试装置

在待测杆件(如 DE 杆)沿轴线方向布置一枚电阻应变片(测量片R_g),采用1/4桥连接,在静态电阻应变仪接线板面某通道 AB 端接入测量片R_g,并接入公共补偿片R_d(图 8-14)。17—32 通道接入测量片,1—8 通道接入力传感器(图 8-15)。

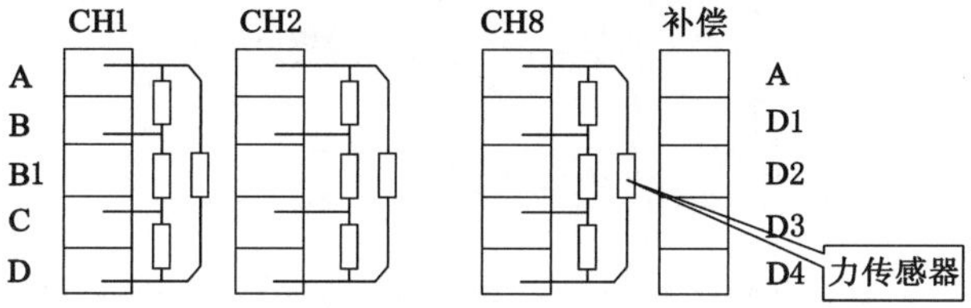

图 8-14　1/4 桥接线图

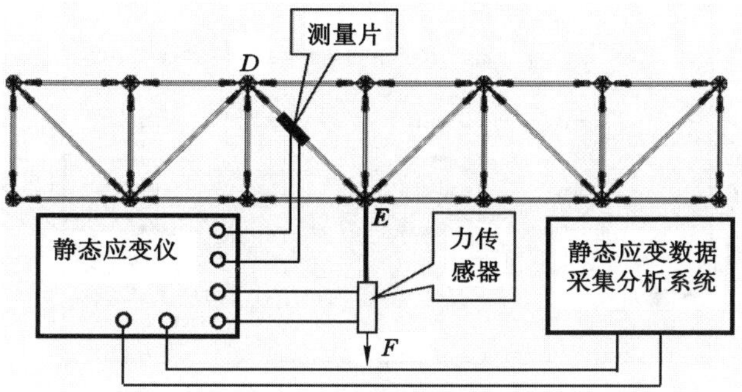

图 8-15　力传感器接线图

四、试验方法及步骤

(1) 了解试验台的结构及连接方式,检查和熟悉各种配件、工具等,设计结构形式和加载方案,并画出简图。

(2) 制定加载与测试方案。

(3) 按设计方案组装桁架结构。

(4) 按加载和测试方案在被测点粘贴电阻应变计,接入测力用荷载传感器,并将各应变片及力传感器接入 XL2118A 系列静态电阻应变仪。

(5) 连接并调试电阻应变仪:打开 PPM 2101B5 静态电阻应变仪及测试系统控制软件,软件的操作界面如图 8-16 所示,选择合适的串行口 COM1 或 COM2。查找机箱如图 8-17 所示。

(6) 进行参数设置(具体操作见仪器使用说明书),参数设置的弹出框如图 8-18 所示。

(7) 预采样和自动桥路平衡如图 8-19 所示。

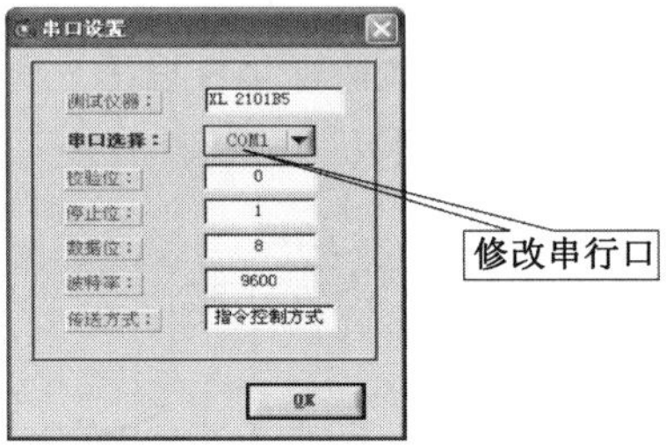

图 8-16　PPM(XL)2101B5 静态测试系统软件的操作界面

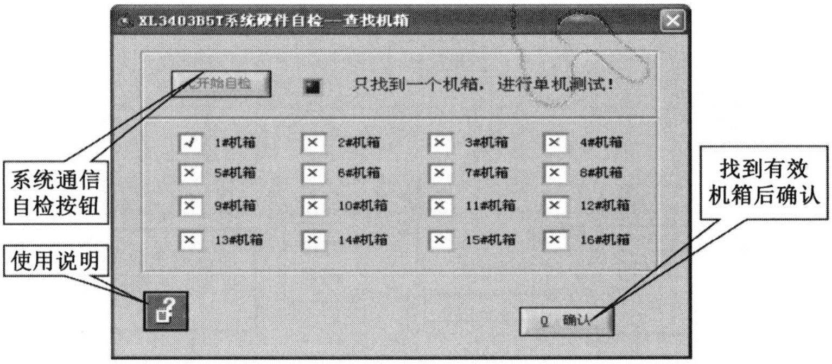

图 8-17　查找机箱

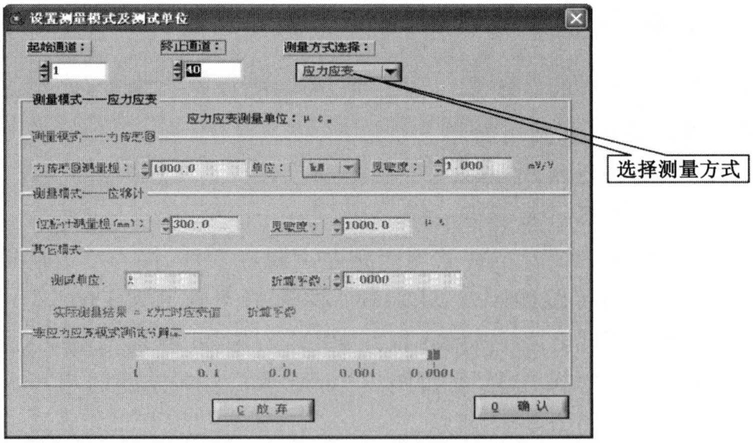

图 8-18　参数设置

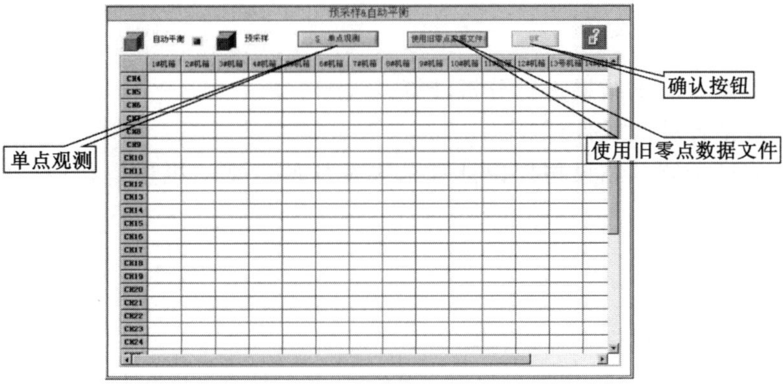

图 8-19　预采样和自动桥路平衡

(8) 开始试验测试，在进行完查找机箱、测量参数设置、桥路平衡和初始检查后，就可以开始试验进程了。手动扫描测试按钮按下后，PPM(XL)2101B5 自动对所连机箱的所有通道进行扫描测试，并记录时间和对应通道的应变值数据，自动存储到已设置好的 YB5 文件中，从高到低的顺序记录 3 次加载数据并将测得结果保存在相应的 YB5 文件中。PPM(XL)2101B5 的采集存储模块软件界面如图 8-20 所示。

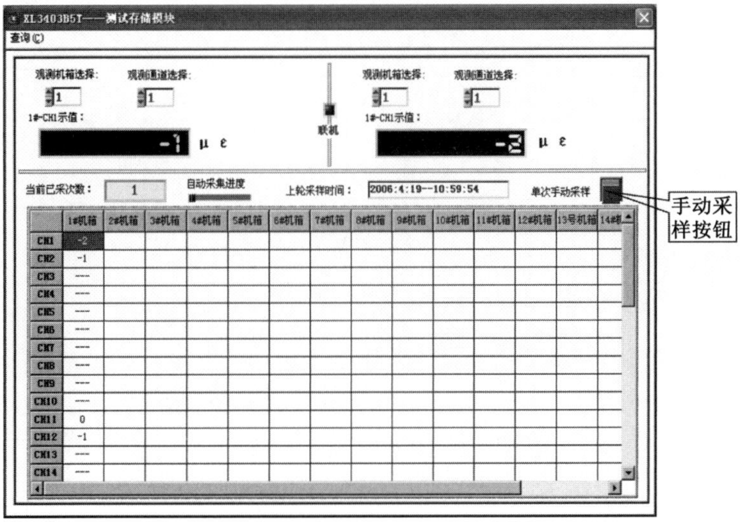

图 8-20　数据采集存储模块软件界面

(9) 测试结束后，整理并提取试验数据，将仪器及试验装置整理好。

五、试验结果处理

（1）对试验测试结果进行分析计算。

（2）理论计算或软件计算。

（3）将试验测试结果与理论计算结果及软件计算结果进行比较，并分析产生误差的原因。

六、注意事项

（1）必须严格遵守仪器操作规程。

（2）应变仪调好后，不要移动和碰触应变片的连线，以免造成测量误差。

（3）测试过程中加载时不要过快。

参 考 文 献

[1] 蔡传国,陈平,韦忠瑄,等.工程力学实验[M].北京:中国铁道出版社,2012.
[2] 陈巨兵,林卓英,余征跃.工程力学实验教程[M].上海:上海交通大学出版社,2006.
[3] 刘鸿文,吕荣坤.材料力学试验[M].北京:高等教育出版社,2018.
[4] 马杭.工程力学试验[M].上海:上海大学出版社,2006.
[5] 潘一山.力学试验测试方法[M].沈阳:东北大学出版社,2007.
[6] 张如一,陆耀桢.试验应力分析[M].北京:机械工业出版社,1981.